Lothar Selle
## Pythagoreische Zahlentripel
Abstände – Gruppierungen – Cluster
Datenbasis: Erste 5.632.362.270 Tripel

Lothar Selle

# Pythagoreische Zahlentripel

Abstände – Gruppierungen – Cluster
Datenbasis: Erste 5.632.362.270 Tripel

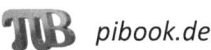 *pibook.de*

Bibliografische Information der Deutschen Nationalbibliothek:
Die Deutsche Nationalbibliothek verzeichnet diese Publikation in der Deutschen Nationalbibliografie;
detaillierte bibliografische Daten sind im Internet über

*http://dnb.dnb.de*

abrufbar.

© 2016 Lothar Selle
Herstellung und Verlag:
BoD – Books on Demand, Norderstedt

ISBN: 978-3-7412-1169-0

## Vorwort

Diese Arbeit ist eine Kurzfassung des Originals *Pythagoreische Zahlentripel* (293 S., incl. Darstellung der programmiertechnischen Besonderheiten; verfügbar als pdf-Datei, kostenloser Download über Berechtigungscode für Käufer der Druck-Kurzversion; Kontakt: *http://www.piBook.de*).

Die Arbeit an diesem Titel wurde durch eine Vermutung initiiert:

Für nach Größe sortierte primitive pythagoreische Tripel, also Tripel teilerfremder natürlicher Zahlen $(a_n, b_n, c_n)$, die den Satz des Pythagoras

$$a_n^2 + b_n^2 = c_n^2$$

erfüllen und nach Größe der Hypotenuse $c_n$ sortiert sind, gilt:

$$\lim_{n \to \infty} \frac{c_n}{n} = 2\pi$$

Lange Listen solcher primitiven pythagoreischen Tripel bestätigten meine Vermutung, so dass ich diese 2009 in meiner Formelsammlung *Mathematik für Technische Assistenten* erwähnt habe. Kurz danach entdeckte ich, dass dieser Grenzwert bereits 1900 sehr subtil von D. N. *Lehmer* bewiesen worden ist.

Die Untersuchung des seitdem vorliegenden Datenmaterials ergab eine **auffällige Systematik in der Verteilung der Tripel**. Ich habe viele Gesetzmäßigkeiten formulieren und beweisen können, bevorzugt mit den Mitteln der Schulmathematik.

Zur bequemen Vergleichbarkeit mit dem Original wurde die Nummerierung der Graphen und Tabellen beibehalten, so dass sie in diesem Auszug nicht fortlaufend erfolgt. Alle Sätze hingegen wurden neu und fortlaufend nummeriert.

Bad Berleburg, im Juni 2016

Lothar Selle

## Inhalt

**1 Grundlagen** ........................ 2
1.1 Definitionen und Bezeichnungen ........ 2
1.1.1 Symbole für Mengen von Primzahlen ........... 2
1.1.2 Primzahlfakultät ........................................ 2
1.1.3 Pythagoreische Tripel ................................ 2
1.2 Formeln zur ppT-Berechnung ............. 2
1.2.1 Formeln von *Euklid* ................................. 2
1.2.2 Formeln für die Erstellung von ppT-Listen ...... 2
1.3 Grundlegende Sätze ........................ 3
1.3.1 Sätze zu Primzahlen ................................ 3
1.3.1.1 Sätze zu pythagoreischen Primzahlen .......... 3
1.3.1.2 Form von Primzahlpotenzen ...................... 3
1.3.2 Pythagoreische Primzahlen und ppT-Hypotenusen ........................................ 3
1.3.3 Sätze zu ppT-Hypotenusen ....................... 4
1.3.3.1 Allgemeine Form der ppT-Hypotenuse ......... 4
1.3.3.2 Faktorisierte Form von Zahlen und zwei-Quadrate-Darstellung ....................... 4
1.3.3.3 Faktorisierte Form von ppT-Hypotenusen ..... 4

**2 ppT-Verteilung** .................... 5
2.1 ppT-Abstände ................................. 6
2.1.1 Häufigkeit der ppT-Abstände ..................... 6
2.1.2 Maximaler ppT-Abstand ........................... 6
2.1.3 Erstmaliges Auftreten der ppT-Abstände ....... 6
2.2 ppT-Gruppierungen ......................... 9
2.2.1 Länge von ppT-Gruppierungen ................. 9
2.2.2 Häufigkeit von ppT-Gruppierungen ........... 10
2.2.3 Erstmaliges Auftreten von ppT-Gruppierungen ................................. 12
2.3 ppT-Cluster .................................. 14
2.3.1 Clusterlängen ...................................... 14
2.3.2 Anteil geclusterter ppT .......................... 15
2.3.3 Erstmalig auftretende Clusterlängen ......... 15
2.3.4 Länge von nicht geclusterten ppT-Gruppierungen ................................. 19
2.3.5 Erstmalig auftretende ppT-Cluster und Primzahlen ......................................... 26
2.4 Hypotenusen nicht geclusterter ppT. 27
2.4.1 Hypotenusen von ppT-Gruppierungen nicht geclusterter ppT ................................. 27
2.4.2 Primfaktoren der Hypotenusen nicht geclusterter ppT ................................. 27

**Anhang** ................................ 28
Programmbeispiel ............................ 28
Abkürzungen .................................. 36
Literatur ........................................ 37
Verzeichnisse ................................. 38

## Pythagoreische Zahlentripel
### Abstände – Gruppierungen – Cluster
### Datenbasis: Erste 5.632.362.270 primitive pythagoreische Tripel

# 1 Grundlagen

## 1.1 Definitionen und Bezeichnungen

### 1.1.1 Symbole für Mengen von Primzahlen[1]

$\mathbb{P}$ **Primzahlen** $\{p \in \mathbb{N} \mid$ Es existiert kein $x$ für das gilt: $x \mid p$ mit $1 < x < p\} = \{2\} \cup \mathbb{P}_1 \cup \mathbb{P}_2$

(D1)    $\mathbb{P}_1$ **pythagoreische Primzahlen**[2] oder
**Primzahlen erster Art**    $\{p \in \mathbb{P} \mid p = 4k + 1, k \in \mathbb{N}\}$

(D2)    $\mathbb{P}_2$ **Primzahlen zweiter Art**[3]    $\{p \in \mathbb{P} \mid p = 4k + 3, k \in \mathbb{N}_0\}$

### 1.1.2 Primzahlfakultät

(D3)    $p!! := 2 \cdot 3 \cdot 5 \cdot \ldots \cdot p$        $p \in \mathbb{P}$

### 1.1.3 Pythagoreische Tripel

**Pythagoreische Tripel**, kurz **pT**, $(a, b, c) \in \mathbb{N}^3$, sind Zahlentripel, für die gilt:     $a^2 + b^2 = c^2$

Als **primitive pythagoreische Tripel**, kurz **ppT**, bezeichnen wir pT, die keinen gemeinsamen Teiler haben. In diesem Fall bezeichnen wir $a$, $b$ bzw. $c$ als **primitive pythagoreische Zahlen**.

Allgemeine Form von **trivialen pT**:        **(0, c, c)** oder **(c, 0, c)**     $c \in \mathbb{N}_0$

Es gibt nur die beiden **trivialen ppT** (0; 1; 1) und (1; 0; 1). Weitere gibt es nicht, denn definitionsgemäß gilt $c \mid 0$ und $c \mid c$, so dass gT(0, $c$, $c$) = gT($c$, 0, $c$) = $c$. Für $1 \neq c$ sind also (0, $c$, $c$) bzw. ($c$, 0, $c$) nicht teilerfremd.

Triviale ppT bleiben bei der vorliegenden Untersuchung von ppT-Gruppierungen außer Betracht.

## 1.2 Formeln zur ppT-Berechnung

### 1.2.1 Formeln von *Euklid*

(F1a)    $a = y^2 - z^2$
(F1b)    $b = 2yz$
(F1c)    $c = y^2 + z^2$        $y, z \in \mathbb{N}; y > z$

**(S1.1)** (F1a), (F1b) und (F1c) generieren aus teilerfremden Parametern $y$ und $z$ unterschiedlicher **Parität**[4] ausschließlich und eindeutig **nichttriviale positive ppT**. Jedes **ppT** kann mit diesen Formeln dargestellt werden.

### 1.2.2 Formeln für die Erstellung von ppT-Listen

Die Formeln von Satz **(S1.1)** eignen sich gut für Beweise. Für die Erstellung von ppT-Listen wurden die folgenden Formeln bevorzugt[5]:

---

1   Weitere Symbole für Zahlenmengen ↪ Abkürzungen.
2   Diese Bezeichnung weist darauf hin, dass die Primfaktoren der Hypotenusen von teilerfremden pythagoreischen Tripeln nach Satz **(S3.4)** ausschließlich Primzahlen erster Art sind;
    ↪ *http://oeis.org*, Suchwort: *pythagorean*.
3   Für die Untersuchung der Möglichkeiten zur Zerlegungen von Primzahlen in eine Summe von drei Quadraten ist eine feinere Unterteilung der Primzahlen $p > 7$ mit $p$ modulo 8 in die Formen $8k + 1$, $8k + 3$, $8k + 5$ und $8k + 7$, $k \in \mathbb{N}$, erforderlich; ↪ *Selle*: [L10], Vermutung **(S4.11)**\*.
4   Bei unterschiedlicher Parität ist ein Parameter gerade, der andere ungerade, kurz: $y - z \equiv 1 \pmod{2}$, d.h. die allgemeine Form ist $y - z = 2k + 1$, $k \in \mathbb{N}_0$.
5   Die Erstellung von ppT-Listen wird im Wesentlichen durch die Zeit für die Teilbarkeitsprüfung der Parameter bestimmt. Diese erfolgt für $(y', z')$ schneller als für $(y, z)$, weil die Parameterwerte kleiner sind, die abzuarbeitende Primzahlliste also kürzer ist! Der etwas höhere Rechenaufwand für die Formeln von Satz **(S1.2)** ist vergleichsweise bedeutungslos.

(F2a)　　　$a' = 2y'z' + z'^2$　　　　　　　　　　　mit　　$y = y' + z'$
(F2b)　　　$b' = 2y'^2 + 2y'z'$　　　　　　　　　　　　　　$z = y'$
(F2c)　　　$c' = 2y'^2 + 2y'z' + z'^2$　　$y', z' \in \mathbb{N}$

(S1.2)　(F2a), (F2b) und (F2c) generieren aus teilerfremden Parametern $y'$ und $z'$ und ungeradem $z'$ **ausschließlich und eindeutig nichttriviale positive ppT. Jedes ppT kann mit** diesen Formeln dargestellt werden.

## 1.3　Grundlegende Sätze
### 1.3.1　Sätze zu Primzahlen
#### 1.3.1.1　Sätze zu pythagoreischen Primzahlen

(S2.1)　Jede pythagoreische Primzahl $p$ lässt sich eindeutig als Summe von zwei Quadraten natürlicher Zahlen darstellen[6]:

　　　　$p = y^2 + z^2$　　　Bedingung:　$y$ und $z$ teilerfremd und von unterschiedlicher Parität

(S2.2)　Jedes Produkt $c = p_1 \cdot \ldots \cdot p_n$ aus $n$ pythagoreischen Primzahlen hat die allgemeine Form $c = 4k + 1$, $k \in \mathbb{N}$.

**Beweis**: Der Satz ist richtig für $n = 2$:

　　　$p_1 \cdot p_2 = (4i + 1) \cdot (4j + 1) = 16ij + 4i + 4j + 1 = 4 \cdot (4ij + i + j) + 1 = 4k + 1$

　　　Induktiv: Satz (S2.2) ist für alle $n$ richtig.

#### 1.3.1.2　Form von Primzahlpotenzen

(S2.3)　Jede **Potenz von Primzahlen $p > 2$ mit geradem Exponenten** $c = p^{2n}$ hat die allgemeine Form　　　$c = 8k + 1$, $k \in \mathbb{N}$.

**Beweis**: Satz (S2.3) ist richtig für $n = 1$:　$p \in \mathbb{P}_1$　$p^2 = (4i+1)^2 = 16i^2 + 8i + 1 = 8 \cdot (2i^2 + i) + 1 = 8k + 1$
　　　　　　　　　　　　　　　　　　　　　　$p \in \mathbb{P}_2$　$p^2 = (4i+3)^2 = 16i^2 + 24i + 9 = 8 \cdot (2i^2 + 3i + 1) + 1$
　　　　　　　　　　　　　　　　　　　　　　　　　　　　$= 8k + 1$

　　　Weiter wie in Satz (S2.2) : Satz (S2.3) gilt auch für $n = 2$ und $n = 3$.
　　　Induktiv: Satz (S2.3) ist für alle $n$ richtig.

### 1.3.2　Pythagoreische Primzahlen und ppT-Hypotenusen

(S3.1)　Jede **pythagoreische Primzahl $p$** ist Hypotenuse genau eines ppTs mit

　　　　$p = c = y^2 + z^2$

**Beweis**:　$p = y^2 + z^2$　　　　　　　　　　　　　　　　　　　　(S2.1)
　　　　　　$c = y^2 + z^2$　　　　　　　　　　　　　　　　　　　　(F1c)

　　　　$y$ und $z$ sind nach Satz (S2.1) teilerfremd und von unterschiedlicher Parität. Wir wählen o. B. d. A. $y > z$. Dann ist $(a, b, c)$ ein ppT mit

　　　　$a = y^2 - z^2$　　　　　　　　　　　　　　　　　　　　(F1a)
　　　　$b = 2yz$　　　　　　　　　　　　　　　　　　　　　　(F1b)
　　　　$c = y^2 + z^2$　　　　　　　　　　　　　　　　　　　　(F1c)

**Bemerkung**: Es existiert **genau 1 ppT** $(a, b, c)$, denn die Darstellung der Sätze (S1.1) und (S2.1) ist eindeutig. ppT mit unterschiedlichen Katheten $a$ und $b$ und gleicher Hypotenuse $c$ sind aber möglich.[7]

---

6　Zweiquadratesatz von *Fermat*, ↗N. *Oswald*, J. *Steuding*: [L2], Satz 8.3;
　↗*http://www.arndt-bruenner.de/mathe/scripts/primzahlen.htm*.
7　↗Sätze (S3.3), (S3.4) und (S3.5). Solche ppT sind also geclustert, d. h. der Abstand zu den benachbarten ppTn ist $\Delta c = 0$, ↗2.3 *ppT-Cluster*.

### 1.3.3 Sätze zu ppT-Hypotenusen
#### 1.3.3.1 Allgemeine Form der ppT-Hypotenuse
**(S3.2)** Die **Hypotenuse** eines ppTs hat die allgemeine Form: $\qquad c = 4k + 1,\ k \in \mathbb{N}$

**Beweis:** Aus der in Satz **(S1.1)** vorausgesetzten unterschiedlichen Parität von $y$ und $z$ ergibt sich[8]:

Fall $y \in \mathbb{G}$:
  $y = 2m,\ z = 2n + 1 \qquad m \in \mathbb{N},\ n \in \mathbb{N}_0$
 also $c = (2m)^2 + (2n+1)^2 \qquad$ (F1c)
  $= 4m^2 + 4n^2 + 4n + 1$
  $= 4 \cdot (m^2 + n^2 + n) + 1$
  $= 4k + 1$

Fall $y \in \mathbb{U}$:
  $y = 2m + 1,\ z = 2n \qquad m \in \mathbb{N},\ n \in \mathbb{N}$
  $y > z$ berücksichtigt
  (ebenfalls Ergebnis $c = 4k + 1$)

Aus den Sätzen **(S3.2)** und **(S2.3)** folgt, dass jede ppT-Hypotenuse ein Produkt aus pythagoreischen Primzahlen und einer geraden Anzahl von Primzahlen zweiter Art ist.[9]

#### 1.3.3.2 Faktorisierte Form von Zahlen und zwei-Quadrate-Darstellung
**(S3.3)** Jede **Zahl** $c$ mit der faktorisierten Darstellung

$c = 2^{e_0} \cdot (q_1^{e_1} \cdot q_2^{e_2} \cdot \ldots \cdot q_r^{e_r}) \cdot (p_1^{f_1} \cdot p_2^{f_2} \cdot \ldots \cdot p_s^{f_s}) \qquad p_i \in \mathbb{P}_1,\ q_j \in \mathbb{P}_2$

hat für $e_j = 0$ genau $2^{s-1}$ unterschiedliche Darstellungen der Form[10] $\quad c = y_i^2 + z_i^2$
  mit $\gcd(y_i, z_i) = 1, \qquad i = 1, 2, \ldots, 2^{s-1}$,
  also genau $2^{s-1}$ unterschiedliche ppT $(a_i, b_i, c)$,
  weitere Darstellungen $c = y_i^2 + z_i^2$ für pT
  mit $\gcd(y_i, z_i) = p_1^{g_1} \cdot p_2^{g_2} \cdot \ldots \cdot p_s^{g_s} \qquad i > 2^{s-1}$
  $g_j \leq m_j$ für $f_j = 2m_j$ oder $f_j = 2m_j + 1$,
  $m_j \in \mathbb{N}_0,\ j = 1, 2, \ldots, s$.

Die Gesamtzahl der Darstellungen ist[11]
  $H = \tfrac{1}{2} \cdot [(2f_1 + 1) \cdot (2f_2 + 1) \cdot \ldots \cdot (2f_s + 1) - 1]$,
  d. h. es gibt $H$ unterschiedliche pT $(a_i, b_i, c)$.

Falls ein $e_j \neq 0$ existiert, gibt es keine Darstellung der Form $\qquad c = y_i^2 + z_i^2$
  d. h. es existiert kein pT.

#### 1.3.3.3 Faktorisierte Form von ppT-Hypotenusen
Jede ppT-Hypotenuse hat nach Satz **(S1.1)** die Darstellung $\quad c = y^2 + z^2$.
Also folgt für $c$ in Satz **(S3.3)** $\qquad e_j = 0$:

**(S3.4)** Jede **ppT-Hypotenuse** $c$ ist ein **Produkt pythagoreischer Primzahlen**:
  $c = p_1^{f_1} \cdot p_2^{f_2} \cdot \ldots \cdot p_s^{f_s},\ p_i \in \mathbb{P}_1$

Aus den Sätzen **(S3.3)** und **(S3.4)** folgt:

**(S3.5)** Eine Hypotenuse der Form $\ c = p_1^{f_1} \cdot p_2^{f_2} \cdot \ldots \cdot p_s^{f_s},\ p_i \in \mathbb{P}_1$, gehört zu einem **Cluster** der Länge $L = 2^{s-1}$ ppT.

---

[8] In Übereinstimmung mit den Sätzen **(S2.2)** und **(S3.4)**.
[9] Eine weitere Einschränkung: Primfaktoren 2. Art kommen in ppT-Hypotenusen nach Satz **(S3.4)** nicht vor.
[10] Ein Satz von Fermat, ↘*Markwig*: [L5], Satz 4.15.
  ↘*http://mathworld.wolfram.com/PythagoreanTriple.html*:
  Für $r = 0$ und $e_0 = 0$ [oder kurz: $e_j = 0$] ist die Anzahl der ppT mit dieser Hypotenuse $c$: $H = 2^{s-1}$, ↘*Beiler*: [L8], S. 117, Formel 3.
  Die ppT-Anzahl mit der Kathete $k = q_1^{e_1} \cdot q_2^{e_2} \cdot \ldots \cdot q_r^{e_r}$ ist $L = 2^{r-1}$ für $k$ ungerade oder $4 \mid k$, anderenfalls $L = 0$; *Beiler*: [L11], S. 116, Formel 2.
[11] Die Anzahl $H$ möglicher pT gilt für beliebige pT, ↘*Beiler*: [L8], S. 117, Formel 3. *Beilers* fälschliche Einschränkung seiner Formel auf nicht-primitive pT wurde korrigiert auf der Webseite *http://mathworld.wolfram.com/PythagoreanTriple.html*, Formel (29).

## 2 ppT-Verteilung

Die Untersuchung der ppT-Verteilung bezieht sich auf Listen, die nach Größe der Hypotenuse $c$ geordnet sind.[12] Für die **relative Größe der $n$-ten Hypotenuse $c_n$** solcher Listen gilt der Grenzwert[13]:

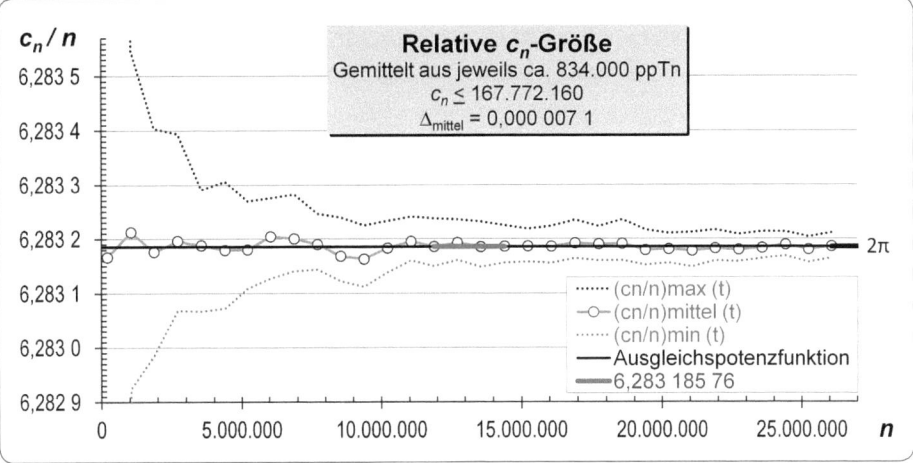

Graph 14a: Relative Größe der ppT-Hypotenusen, $c_n \leq 167.772.160$

**(S4)** $\quad \lim\limits_{n \to \infty} \dfrac{c_n}{n} = 2\pi \qquad$ mit $\;{}^5\!/_1 = 5 \leq {}^{c_n}\!/_n \leq 6,\overline{7} = 6{}^1\!/_9$

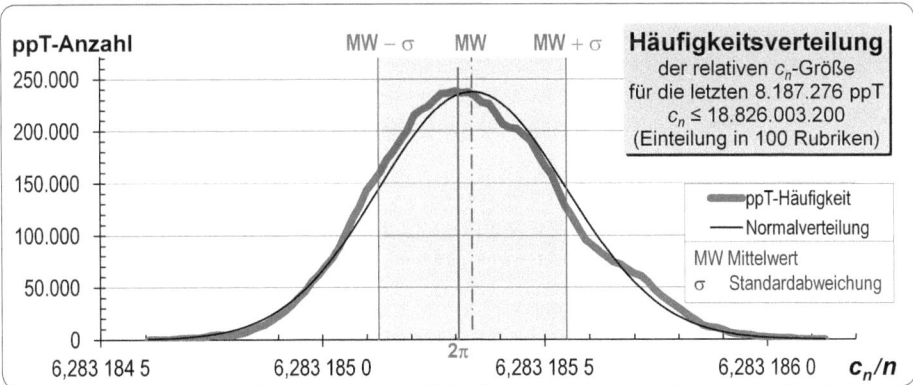

Graph 16c64: Häufigkeitsverteilung der letzten 8.187.276 relativen $c_n$-Größen, $c_n \leq 18.826.003.200$

---

*12* Die beiden Alternativen zur ppT-internen Ordnung der Katheten ↪ 2.3 *Cluster*, Sortierkriterien unter 2).
*13* Der vom Autor zunächst nur vermutete Grenzwert $2\pi$ wurde durch die berechneten ppT-Listen mit Hilfe dreistufiger Grenzwertschätzung bis zur 9. Ziffer in [L10], Satz **(S26)**, bestätigt. Ihm war während der Arbeit an diesem Thema nicht bekannt, dass bereits 1900 ein Beweis für den Grenzwert von *Lehmer* erbracht wurde in [L9], S. 293, 327f; ↪ *http://mathworld.wolfram.com/PythagoreanTriple.html*.

## 2.1 ppT-Abstände
### 2.1.1 Häufigkeit der ppT-Abstände

Die Abstände $\Delta c = c_i - c_{i-1}$ benachbarter ppT wechseln unregelmäßig. Sie sind häufig gleich Null, d. h. zwei oder mehr ppT haben die gleiche Hypotenuse: $c_i = c_{i+1} = c_{i+2} = ... = c_{i+k}$.

Die ppT-Liste weist aber auch mehr oder weniger große **Lücken** auf, also unterschiedlich große **Differenzen zwischen den Hypotenusen** benachbarter ppT.

Aus Satz (S3.2) folgt, dass die Differenzen von ppT-Hypotenusen Vielfache von 4 sind:

$$\Delta c = c_j - c_i = 4k, \quad k \in \mathbb{N}_0$$

Der folgende Graph zeigt wie häufig diese Abstände, also Lücken oder Sprünge zwischen benachbarten ppTn, auftreten.

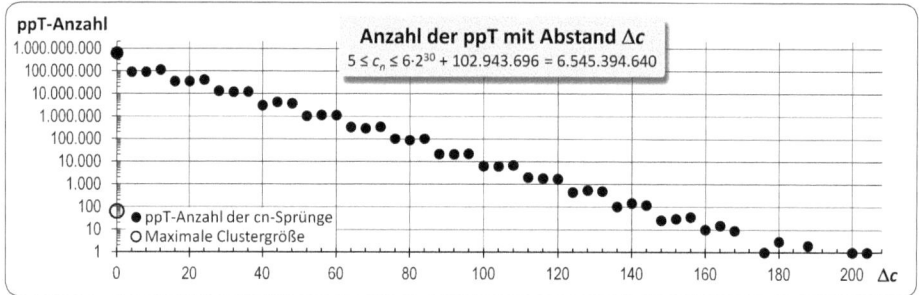

Graph 33.5: Anzahl der ppT mit Abstand $\Delta c$ innerhalb $\approx 1.064.960.000$ ppT, $5 \le c_n < 6 \cdot 2^{30} + 102.943.696$

**Erläuterung**: Die Zählung in Graph *33.5* bezieht sich auf ppT, die im dargestellten Bereich vollständig gelistet sind. Die Liste ist aufgeteilt in 65 Dateien. Durch Überschneidung der Listen dieser Dateien sind ca. **2,2% der Lücken doppelt gezählt**. Andererseits werden die 15 Sprünge zwischen den 16 Teillisten jeder Datei vernachlässigt.

Auffällig ist neben dem degressiven Charakter eine gewisse **Grundstruktur**[14] in der Verteilung der Häufigkeiten der unterschiedlich großen Abstände:

In ppT-Listen sind stets **drei aufeinander folgende Größen von Abständen $\Delta c$ annähernd gleich häufig**!

Mit $N(\Delta c_i)$ = Anzahl der ppT mit dem Abstand $\Delta c_i = c_i - c_{i-1}$ gilt in einer ausreichend langen $c$-sortierten ppT-Liste, also für ausreichend große $N$:

$$N(4 \cdot (3n+1)) \approx N(4 \cdot (3n+2)) \approx N(4 \cdot (3n+3)) \qquad n \in \mathbb{N}_0$$
$$N(4n+k) > N(4n+k+3) \qquad k, n \in \mathbb{N}_0$$

### 2.1.2 Maximaler ppT-Abstand

Es gibt keine obere Schranke für den Abstand $\Delta c$.[15] Im untersuchten Datenbereich ist der **größte beobachtete Abstand benachbarter ppT**: $\Delta c_n = c_n - c_{n-1} = 4 \cdot 51$

erstmalig bei: $n = 769.598.875$, $c_n = 4.835.532.469$

### 2.1.3 Erstmaliges Auftreten der ppT-Abstände

Die folgende Graphik zeigt die **maximalen Abstände** $\Delta c_n = c_n - c_{n-1}$ aufeinander folgender ppT, also die **Sprünge** von einem ppT zum nächsten, deren Größe erstmalig in der ppT-Liste auftritt. Die **Größe dieser Lücken** wächst tendenziell mit der ppT-Hypotenuse:

---
14 Diese Struktur wird durch Satz (S5.2) etwas verständlicher.
15 ⇒ Graph 33.11.

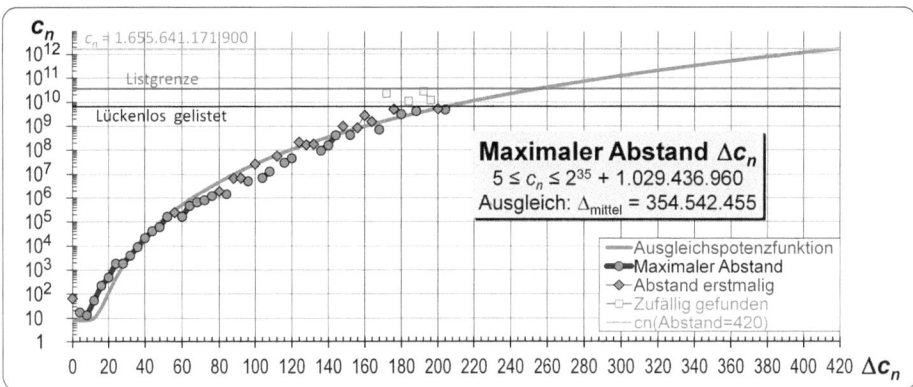

Graph 33.11:   Maximaler Abstand $\Delta c_n$ der gelisteten ppT im Bereich $5 \leq c_n < 2^{35} + 102.943.696$

Die folgende Tabelle enthält alle erstmalig auftretenden Abstände $\Delta c_n = c_n - c_{n-1}$ der ersten 1.041.699.957 nach Größe von $c_n$ sortierten ppT ($c_{max}$ = 6.545.193.517) mit den Parametern $y_n$ und $z_n$ der Formeln (F2a), (F2b), (F2c) und der **Primfaktorzerlegung**
$c_n = 2y_n^2 + 2y_n z_n + z_n^2 = p_1 \cdot p_2 \cdot p_3 \cdot p_4$ (alle Faktoren sind nach Satz **(S3.4)** pythagoreische Primzahlen, ihre Quadrate und höheren Potenzen sind zentriert gesetzt und dunkelgrau unterlegt):

| n | ppT-Parameter $y_n$ | $z_n$ | ppT-Katheten Min($a_n,b_n$) | Max($a_n,b_n$) | $c_n$ (F2c) | $\Delta c_n$ | Primfaktoren von $c_n$ ($p_i \in \mathbb{P}_1$) $p_1$ | $p_2$ | $p_3$ | $p_4$ |
|---|---|---|---|---|---|---|---|---|---|---|
| 10 | 4 | 3 | 33 | 56 | 65 | — | 5 | 13 | | |
| 11 | 1 | 7 | 16 | 63 | 65 | 0 | 5 | 13 | | |
| 2 | 2 | 1 | 5 | 12 | 13 | — | 13 | | | |
| 3 | 1 | 3 | 8 | 15 | 17 | 4 | 17 | | | |
| 1 | 1 | 1 | 3 | 4 | 5 | — | 5 | | | |
| 2 | 2 | 1 | 5 | 12 | 13 | 8 | 13 | | | |
| 7 | 4 | 1 | 9 | 40 | 41 | — | 41 | | | |
| 8 | 4 | 3 | 28 | 45 | 53 | 12 | 53 | | | |
| 34 | 8 | 4 | 84 | 187 | 205 | — | 5 | 41 | | |
| 35 | 6 | 7 | 140 | 171 | 221 | 16 | 13 | 17 | | |
| 74 | 10 | 9 | 261 | 380 | 461 | — | 461 | | | |
| 75 | 9 | 11 | 319 | 360 | 481 | 20 | 13 | 37 | | |
| 288 | 24 | 11 | 649 | 1.680 | 1.801 | — | 1.801 | | | |
| 289 | 21 | 17 | 984 | 1.537 | 1.885 | 24 | 5 | 13 | 29 | |
| 290 | 23 | 13 | 767 | 1.656 | 1.825 | — | $5^2$ | 73 | | |
| 291 | 22 | 15 | 885 | 1.628 | 1.853 | 28 | 17 | 109 | | |
| 626 | 35 | 17 | 1.479 | 3.640 | 3.929 | — | 3.929 | | | |
| 627 | 29 | 27 | 2.280 | 3.239 | 3.961 | 32 | 17 | 233 | | |
| 1.400 | 49 | 31 | 4.004 | 7.797 | 8.765 | — | 5 | 1.753 | | |
| 1.401 | 49 | 31 | 3.999 | 7.840 | 8.801 | 36 | 13 | 677 | | |
| 3.338 | 59 | 74 | 14.040 | 15.521 | 20.929 | — | 20.929 | | | |
| 3.339 | 73 | 52 | 10.360 | 18.231 | 20.969 | 40 | 13 | 1.613 | | |
| 6.454 | 125 | 33 | 9.200 | 39.471 | 40.529 | — | 40.529 | | | |
| 6.455 | 110 | 59 | 16.548 | 37.045 | 40.573 | 44 | 13 | 3.121 | | |
| 9.678 | 100 | 126 | 40.940 | 44.979 | 60.821 | — | 60.821 | | | |
| 9.679 | 122 | 92 | 30.940 | 52.419 | 60.869 | 48 | 60.869 | | | |
| 25.678 | 267 | 34 | 19.248 | 160.225 | 161.377 | — | 161.377 | | | |
| 25.679 | 243 | 78 | 43.780 | 155.379 | 161.429 | 52 | 109 | 1.481 | | |
| 38.610 | 278 | 129 | 88.088 | 225.975 | 242.537 | — | 409 | 593 | | |
| 38.611 | 209 | 238 | 155.568 | 186.145 | 242.593 | 56 | 13 | 18.661 | | |
| 26.429 | 191 | 169 | 93.119 | 137.520 | 166.081 | — | 166.081 | | | |
| 26.430 | 162 | 212 | 113.700 | 121.141 | 166.141 | 60 | 17 | 29 | 337 | |
| 73.963 | 438 | 85 | 81.480 | 457.441 | 464.641 | — | 229 | 2.029 | | |
| 73.964 | 289 | 328 | 297.424 | 357.057 | 464.705 | 64 | 5 | 92.941 | | |
| 103.222 | 515 | 103 | 117.092 | 637.875 | 648.533 | — | 17 | 38.149 | | |
| 103.223 | 400 | 299 | 328.601 | 559.200 | 648.601 | 68 | 17 | 38.153 | | |
| 126.275 | 609 | 41 | 51.619 | 791.700 | 793.381 | — | 461 | 1.721 | | |
| 126.276 | 573 | 109 | 136.795 | 781.572 | 793.453 | 72 | 793.453 | | | |
| 193.800 | 726 | 105 | 162.948 | 1.206.725 | 1.217.677 | — | 1.217.677 | | | |
| 193.801 | 665 | 215 | 332.272 | 1.171.545 | 1.217.753 | 76 | 1.217.753 | | | |
| 302.874 | 647 | 571 | 1.065.752 | 1.576.545 | 1.902.977 | — | 1.902.977 | | | |
| 302.875 | 730 | 440 | 835.968 | 1.709.615 | 1.903.057 | 80 | 13 | 146.389 | | |

# 2 ppT-Verteilung

| $n$ | ppT-Parameter $y_n$ | $z_n$ | ppT-Katheten Min($a_n,b_n$) | Max($a_n,b_n$) | $c_n$ (F2c) | $\Delta c_n$ | Primfaktoren von $c_n$ ($p_i \in \mathbb{P}_1$) $p_1$ | $p_2$ | $p_3$ | $p_4$ |
|---|---|---|---|---|---|---|---|---|---|---|
| 226.867 | 764 | 153 | 256.824 | 1.402.057 | 1.425.385 | — | 5 | 13 | 21.929 | |
| 226.868 | 631 | 382 | 628.020 | 1.279.669 | 1.425.469 | 84 | 1.425.469 | | | |
| 1.040.791 | 1.460 | 639 | 2.275.368 | 6.130.985 | 6.539.593 | — | 6.539.593 | | | |
| 1.040.792 | 1.230 | 1.013 | 3.515.560 | 5.514.369 | 6.539.681 | 88 | 6.539.681 | | | |
| 1.088.117 | 1.132 | 1.225 | 4.274.025 | 5.336.248 | 6.836.873 | — | $17^2$ | 41 | 577 | |
| 1.088.118 | 63 | 2.551 | 6.829.027 | 329.364 | 6.836.965 | 92 | 5 | 1.367.393 | | |
| 792.712 | 727 | 1.383 | 3.923.571 | 3.067.940 | 4.980.629 | — | 4.980.629 | | | |
| 792.713 | 58 | 2.173 | 4.973.997 | 258.796 | 4.980.725 | 96 | $5^2$ | 281 | 709 | |
| 4.213.361 | 3.495 | 281 | 2.043.151 | 26.394.240 | 26.473.201 | — | 29 | 912.869 | | |
| 4.213.362 | 601 | 4.509 | 25.750.899 | 6.142.220 | 26.473.301 | 100 | 17 | 113 | 13.781 | |
| 1.116.312 | 1.847 | 51 | 190.995 | 7.011.212 | 7.013.813 | — | 193 | 36.341 | | |
| 1.116.313 | 891 | 1.603 | 5.426.155 | 4.444.308 | 7.013.917 | 104 | 277 | 25.321 | | |
| 2.056.850 | 2.405 | 267 | 1.355.559 | 12.852.320 | 12.923.609 | — | 12.923.609 | | | |
| 2.056.851 | 2.386 | 303 | 1.537.725 | 12.831.908 | 12.923.717 | 108 | 12.923.717 | | | |
| 8.851.234 | 5.022 | 491 | 5.172.685 | 55.372.572 | 55.613.653 | — | 109 | 510.217 | | |
| 8.851.235 | 2.863 | 4.023 | 39.220.227 | 39.429.236 | 55.613.765 | 112 | 5 | 11.122.753 | | |
| 4.750.115 | 3.632 | 449 | 3.463.137 | 29.644.384 | 29.845.985 | — | 5 | 13 | 459.169 | |
| 4.750.116 | 601 | 4.829 | 29.123.699 | 6.526.860 | 29.846.101 | 116 | 17 | 1.755.653 | | |
| 7.078.915 | 4.410 | 593 | 5.581.909 | 44.126.460 | 44.478.109 | — | 13 | 3.421.393 | | |
| 7.078.916 | 3.625 | 1.973 | 18.196.979 | 40.585.500 | 44.478.229 | 120 | 421 | 105.649 | | |
| 33.636.739 | 6.563 | 6.409 | 125.199.815 | 170.270.472 | 211.345.753 | — | 211.345.753 | | | |
| 33.636.740 | 1.799 | 12.627 | 204.873.075 | 51.904.748 | 211.345.877 | 124 | 73 | 109 | 26.561 | |
| 26.234.424 | 8.543 | 1.041 | 18.870.207 | 163.752.224 | 164.835.905 | — | 5 | 13 | 2.535.937 | |
| 26.234.425 | 7.047 | 3.685 | 65.515.615 | 151.256.808 | 164.836.033 | 128 | 164.836.033 | | | |
| 27.369.350 | 8.324 | 1.809 | 33.388.713 | 168.694.184 | 171.966.665 | — | 5 | 13 | 29 | 91.229 |
| 27.369.351 | 7.526 | 3.213 | 58.685.445 | 161.643.428 | 171.966.712 | 132 | 171.966.797 | | | |
| 14.866.158 | 5.539 | 2.381 | 32.045.879 | 87.737.760 | 93.406.921 | — | 61 | 101 | 15.161 | |
| 14.866.159 | 119 | 9.545 | 93.378.735 | 2.300.032 | 93.407.057 | 136 | 29 | 149 | 21.617 | |
| 25.116.406 | 2.606 | 9.683 | 144.228.285 | 64.050.268 | 157.810.757 | — | 13 | 12.139.289 | | |
| 25.116.407 | 3.169 | 8.987 | 137.725.775 | 77.044.728 | 157.810.897 | 140 | 241 | 654.817 | | |
| 65.938.568 | 1.606 | 18.685 | 409.145.445 | 65.174.692 | 414.303.917 | — | 414.303.917 | | | |
| 65.938.569 | 7.531 | 11.379 | 300.872.139 | 284.822.420 | 414.304.061 | 144 | 389 | 733 | 1.453 | |
| 155.203.851 | 18.003 | 7.513 | 326.958.247 | 918.729.096 | 975.174.265 | — | 5 | 13 | 2.381 | 6.301 |
| 155.203.852 | 15.443 | 11.699 | 498.201.915 | 838.307.812 | 975.174.413 | 148 | 975.174.413 | | | |
| 66.727.402 | 11.587 | 5.295 | 150.743.355 | 391.223.468 | 419.260.493 | — | 157 | 2.670.449 | | |
| 66.727.403 | 8.542 | 10.067 | 273.329.117 | 317.916.156 | 419.260.645 | 152 | 5 | 83.852.129 | | |
| 133.043.153 | 19.912 | 1.051 | 42.959.625 | 834.830.512 | 835.935.113 | — | 13 | 64.302.701 | | |
| 133.043.154 | 4.790 | 23.723 | 790.047.069 | 273.154.540 | 835.935.269 | 156 | 13 | 64.302.713 | | |
| 448.611.046 | 27.117 | 18.527 | 1.348.043.047 | 2.475.456.696 | 2.818.706.425 | — | $5^2$ | 677 | 166.541 | |
| 448.611.047 | 8.317 | 44.119 | 2.680.361.607 | 872.220.424 | 2.818.706.585 | 160 | 5 | 563.741.317 | | |
| 242.742.270 | 17.960 | 16.719 | 880.071.441 | 1.245.669.680 | 1.525.194.641 | — | 1.525.194.641 | | | |
| 242.742.271 | 9.182 | 28.777 | 1.356.576.557 | 697.079.076 | 1.525.194.805 | 164 | 5 | 13.693 | 22.277 | |
| 110.983.140 | 13.797 | 8.719 | 316.613.047 | 621.306.504 | 697.327.465 | — | 5 | 139.465.493 | | |
| 110.983.141 | 4.663 | 21.329 | 653.840.495 | 242.401.392 | 697.327.633 | 168 | 113 | 281 | 21.961 | |
| — | — | — | — | — | — | 172 | — | — | — | — |
| 786.936.431 | 45.535 | 8.047 | 797.594.499 | 4.879.712.740 | 4.944.466.949 | — | 17 | 197 | 1.476.401 | |
| 786.936.432 | 9.719 | 59.923 | 4.755.549.203 | 1.353.701.196 | 4.944.467.125 | 176 | $5^3$ | 13 | 3.042.749 | |
| 492.055.522 | 24.275 | 25.749 | 1.913.124.951 | 2.428.665.200 | 3.091.676.201 | — | 4.093 | 755.357 | | |
| 492.055.523 | 934 | 54.661 | 3.089.931.669 | 103.851.460 | 3.091.676.381 | 180 | 41 | 7.489 | 10.069 | |
| — | — | — | — | — | — | 184 | — | — | — | — |
| 659.251.173 | 7.934 | 55.935 | 4.016.300.805 | 1.013.473.292 | 4.142.197.517 | — | 4.142.197.517 | | | |
| 659.251.174 | 12.436 | 50.711 | 3.832.889.513 | 1.570.592.184 | 4.142.197.705 | 188 | 5 | 828.439.541 | | |
| — | — | — | — | — | — | 192 | — | — | — | — |
| — | — | — | — | — | — | 196 | — | — | — | — |
| 832.978.925 | 33.097 | 31.233 | 3.042.937.491 | 4.258.260.020 | 5.233.760.309 | — | 101 | 51.819.409 | | |
| 832.978.926 | 41.397 | 17.933 | 1.806.337.291 | 4.912.168.020 | 5.233.760.509 | 200 | 5.233.760.509 | | | |
| 769.598.874 | 47.219 | 3.829 | 376.264.343 | 4.820.871.024 | 4.835.532.265 | — | 5 | 317 | 3.050.809 | |
| 769.598.875 | 40.038 | 16.817 | 1.629.449.581 | 4.552.720.980 | 4.835.532.469 | 204 | 181 | 26.715.649 | | |

Tabelle 24a: Erstmalig auftretende Abstände $\Delta c_n$ von Gruppierungen der ersten 1.041.699.957 ppT, $c_n \leq$ 6.545.193.517

| $n$ | ppT-Parameter $y_n$ | $z_n$ | $a_n$ (F2a) | $b_n$ (F2b) | $c_n$ (F2c) | $\Delta c_n$ | Primfaktoren von $c_n$ ($p_i \in \mathbb{P}_1$) $p_1$ | $p_2$ | $p_3$ | $p_4$ |
|---|---|---|---|---|---|---|---|---|---|---|
| 3.598.681.742 | 82.272 | 43.595 | 9.073.819.705 | 20.710.659.648 | 22.611.183.673 | — | 13 | 1.739.321.821 | | |
| 3.598.681.743 | 3.922 | 146.397 | 22.580.419.677 | 1.179.102.236 | 22.611.183.845 | 172 | 5 | 61 | 557 | 133.097 |
| 1.713.217.739 | 34.827 | 62.905 | 8.338.623.895 | 6.807.424.728 | 10.764.463.753 | — | 41 | 7.489 | | |
| 1.713.217.740 | 17.671 | 84.565 | 10.139.935.455 | 3.613.224.712 | 10.764.463.937 | 184 | 17 | 89 | 7.114.649 | |
| 4.432.269.410 | 105.746 | 23.353 | 5.484.335.285 | 27.303.405.708 | 27.848.768.317 | — | 24.001 | 1.160.357 | | |
| 4.432.269.411 | 113.490 | 8.857 | 2.088.808.309 | 27.770.322.060 | 27.848.768.509 | 192 | 27.848.768.509 | | | |
| 1.880.100.006 | 35.354 | 67.423 | 9.313.206.413 | 7.267.156.116 | 11.813.017.045 | — | 5 | 2.362.603.409 | | |
| 1.880.100.007 | 12.029 | 95.991 | 11.523.623.559 | 2.598.745.160 | 11.813.017.241 | 196 | 12.377 | 954.433 | | |

Tabelle 24b: In lückenhaften Listbereichen zufällig gefundene Abstände $\Delta c_n$ von ppT-Gruppierungen

## 2.2 ppT-Gruppierungen

### 2.2.1 Länge von ppT-Gruppierungen

In den ersten 1.041.699.957 ppTn, $c_n \leq 6.545.193.517$, wurden **maximal sechs aufeinander folgende ppT** gefunden, die den gleichen Abstand $\Delta c_i = c_i - c_{i-1} > 0$ zueinander haben. Es gibt also[16]

**ppT-Duos (ppT-Paare), ppT-Trios, ppT-Quartette, ppT-Quintette** und **ppT-Sextette**.

Im — nur stichprobenartig — durchsuchten Bereich der folgenden 4.590.662.313 ppT, $c_n \leq 35.389.175.273$, wurden keine Gruppierungen mit $\Delta c_i > 0$ und mit mehr als sechs ppTn gefunden.[17] **ppT-Cluster**[18] hingegen, also Gruppierungen mit $\Delta c_i = 0$, können sehr viel länger sein.

Die mögliche Länge von ppT-Gruppierungen hängt von ihrem Abstand ab. Dieser ist nach Satz **(S3.2)** eingeschränkt auf $\Delta c_i = 4k$, $k \in \mathbb{N}$:

**(S5.1)** Für nicht geclusterte **Gruppierungen mit einer Länge L = 2 ppT** gilt deshalb[19]:

$$\Delta c = c_i - c_{i-1} = 4k \qquad k \in \mathbb{N}$$

**(S5.2)** Für nicht geclusterte **Gruppierungen mit einer Länge L ≥ 3 ppT** gilt schärfer[20]:

$$\Delta c = c_i - c_{i-1} = 3 \cdot 4k \qquad k \in \mathbb{N}$$

Satz **(S5.2)** ergibt sich aus Satz **(S3.4)**, welcher besagt, dass jede ppT-Hypotenuse $c$ eine pythagoreische Primzahl ist oder ein Produkt solcher. Umgekehrt ausgedrückt: Keine ppT-Hypotenuse enthält Primzahlen 2. Art. Daraus lässt sich die in Satz **(S5.2)** angegebene **Einschränkungen für den Abstand** $\Delta c$ **von Gruppierungen** mit der **Länge L = 3** ppT ableiten. Für den Teiler 3 gilt nämlich:

Keine ppT-Hypotenuse enthält den Teiler $3 \in \mathbb{P}_2$. Also gilt:  $c \mod 3 = 1$ oder $c \mod 3 = 2$
In Formelschreibweise: $\qquad c = 3m + 1$ oder $c = 3m + 2 \quad m \in \mathbb{N}$
Für **k = 1** ergibt sich für ein Trio aus $\Delta c_i = 4k$, also $\Delta c = 4$:

Fall $\quad c = 3m + \mathbf{1}$:
$\quad c + 2\Delta c = 3m + 1 + 8 = 3 \cdot (m + 3) \implies 3 \mid (c + 2\Delta c)$

Fall $\quad c = 3m + \mathbf{2}$:
$\quad c + \Delta c = 3m + 2 + 4 = 3 \cdot (m + 2) \implies 3 \mid (c + \Delta c)$

---

*16* Die Namen wurden in Anlehnung an Begrifflichkeiten für Primzahlgruppierungen gewählt, ↗ *Selle*: [L11].
*17* Gemäß den Sätzen **(S5.3)** und **(S5.5)** ist die Länge von Gruppierungen mit Abständen $\Delta c < 420$ maximal sechs ppT, ↗ *2.3.4 Länge von nicht geclusterten ppT-Gruppierungen*.
*18* Als Cluster bezeichnen wir ppT-Gruppierungen mit gleichem $c$, also mit Abständen $\Delta c = c_i - c_{i-1} = 0$, ↗ *2.3 ppT-Cluster*.
*19* Einschränkungen des Mindestabstandes für größere Längen von nicht geclusterten Gruppierungen ↗ Sätze **(S5.3)** bis **(S5.8)**.
Zum Vergleich: Der Abstand von benachbarten Primzahlen $p > 3$ unterliegt der Einschränkung $\Delta p = 2k$, $k \in \mathbb{N}$.
*20* Zum Vergleich: Der Abstand von Primzahltrios und Primzahlquartetten unterliegt der Einschränkung $\Delta p = 3 \cdot 2k$, $k \in \mathbb{N}$; ↗ *Selle*: [L11], Satz **(S22)**.

Für **k = 2**, also $\Delta c = 8$, ergibt sich:

Fall $\quad c = 3m + 1$:
$$c + \Delta c = 3m + 1 + 8 = 3 \cdot (m + 3) \implies 3 \mid (c + \Delta c)$$

Fall $\quad c = 3m + 2$:
$$c + 2\Delta c = 3m + 2 + 16 = 3 \cdot (m + 6) \implies 3 \mid (c + 2\Delta c)$$

In jedem Fall wäre die Hypotenuse des zweiten oder des dritten ppTs durch 3 teilbar. ppT-Trios mit dem Abstand $\Delta c = 4$ oder $\Delta c = 8$ sind also nicht möglich und deshalb auch keine solchen Gruppierungen mit Längen $L > 3$.

Für **k = 3**, also $\Delta c = 12$, ergibt sich dagegen:

Fall $\quad c = 3m + 1$:
$$c + \Delta c = 3m + 1 + 12 = 3 \cdot (m + 4) + 1$$
$$c + 2\Delta c = 3m + 1 + 24 = 3 \cdot (m + 8) + 1$$

Fall $\quad c = 3m + 2$:
$$c + \Delta c = 3m + 2 + 12 = 3 \cdot (m + 4) + 2$$
$$c + 2\Delta c = 3m + 2 + 24 = 3 \cdot (m + 8) + 2$$

Allgemein gilt für Gruppierungen mit einer Länge $L \geq 3$ ppT die Feststellung von Satz **(S5.2)**:

Abstände $\Delta c = 4k$ sind nur möglich, wenn **k durch 3 teilbar** ist.

Entsprechend Satz **(S5.2)** ergibt sich eine weitere Einschränkung:

**(S5.3)** Für nicht geclusterte **Gruppierungen mit einer Länge $L \geq 7$ ppT** gilt:

$$\Delta c = c_i - c_{i-1} = 3 \cdot 7 \cdot 4k \qquad k \in \mathbb{N}$$

Verallgemeinert lauten die Sätze **(S5.2)** und **(S5.3)**:

**(S5.4)** Für nicht geclusterte **Gruppierungen mit einer Länge $L \geq q_n$ ppT**, $q_n \in \mathbb{P}_2$, gilt:

$$\Delta c = c_i - c_{i-1} = q_1 \cdot q_2 \cdot \ldots \cdot q_n \cdot 4k \qquad k \in \mathbb{N},\ q_n \geq q_j \in \mathbb{P}_2$$

## 2.2.2 Häufigkeit von ppT-Gruppierungen

Tabelle *31a* enthält die Häufigkeiten der Längen $L$ von ppT-Gruppierungen mit deren Abständen $\Delta c_n$, die in den gelisteten ppT gefunden wurden.

Durchsuchter Bereich: 2.147.467.147 gelistete ppT, $5 \leq c_n \leq 35.389.175.273$
(es wurden die ersten 5.632.362.270 ppT berechnet),

davon lückenlos gelistet: erste 1.041.699.957 ppT: $\quad c_{max} = 6.545.193.517$
261.990.522 ppT: $\quad 2.734.260.944 \leq n \leq 2.996.251.465$,
$\quad 17.179.869.185 \leq c_n \leq 18.826.003.193$
163.840.242 ppT: $\quad 5.468.522.029 \leq n \leq 5.632.362.270$,
$\quad 34.359.738.389 \leq c_n \leq 35.389.175.273$

| $\Delta c_n$ | Länge $L$ der Gruppierung | | | | | | | | |
|---|---|---|---|---|---|---|---|---|---|
| | 2 ppT | 3 ppT | 4 ppT | 5 ppT | 6 ppT | 8 ppT | 16 ppT | 32 ppT | 64 ppT |
| $0^1$ | 384.215.170 | | 180.196.797 | | | 36.944.748 | 3.128.687 | 82.751 | 275 |
| $4^2$ | 173.200.772 | | | | | | | | |
| 8 | 173.204.396 | | | | | | | | |
| 12 | 186.574.948 | 15.680.747 | 1.029.382 | 54.542 | 1.356 | | | | |
| 16 | 68.702.319 | | | | | | | | |
| 20 | 68.721.760 | | | | | | | | |
| 24 | 78.826.743 | 2.059.480 | 49.765 | 805 | 4 | | | | |
| 28 | 27.368.639 | | | | | | | | |
| 32 | 24.518.564 | | | | | | | | |
| 36 | 25.131.203 | 215.723 | 1.265 | 11 | | | | | |
| 40 | 6.567.951 | | | | | | | | |
| 44 | 9.265.837 | | | | | | | | |
| 48 | 8.245.289 | 17.133 | 30 | | | | | | |
| 52 | 2.337.312 | | | | | | | | |
| 56 | 2.597.523 | | | | | | | | |
| 60 | 2.594.163 | 1.482 | 3 | | | | | | |
| 64 | 791.808 | | | | | | | | |
| 68 | 700.035 | | | | | | | | |
| 72 | 833.970 | 124 | | | | | | | |
| 76 | 257.744 | | | | | | | | |
| 80 | 219.684 | | | | | | | | |
| 84 | 261.943 | 19 | | | | | | | |
| 88 | 57.137 | | | | | | | | |
| 92 | 55.783 | | | | | | | | |
| 96 | 60.506 | | | | | | | | |
| 100 | 17.391 | | | | | | | | |
| 104 | 17.279 | | | | | | | | |
| 108 | 19.342 | | | | | | | | |
| 112 | 5.850 | | | | | | | | |
| 116 | 5.400 | | | | | | | | |
| 120 | 5.265 | | | | | | | | |
| 124 | 1.320 | | | | | | | | |
| 128 | 1.663 | | | | | | | | |
| 132 | 1.674 | | | | | | | | |
| 136 | 309 | | | | | | | | |
| 140 | 494 | | | | | | | | |
| 144 | 389 | | | | | | | | |
| 148 | 94 | | | | | | | | |
| 152 | 131 | | | | | | | | |
| 156 | 115 | | | | | | | | |
| 160 | 37 | | | | | | | | |
| 164 | 41 | | | | | | | | |
| 168 | 43 | | | | | | | | |
| 172 | 8 | | | | | | | | |
| 176 | 4 | | | | | | | | |
| 180 | 10 | | | | | | | | |
| 184 | 3 | | | | | | | | |
| 188 | 5 | | | | | | | | |
| 192 | 2 | | | | | | | | |
| 196 | 1 | | | | | | | | |
| 200 | 2 | | | | | | | | |
| 204 | 1 | | | | | | | | |
| Summe: | 1.245.388.072 | 17.974.708 | 181.277.242 | 55.358 | 1.360 | 36.944.748 | 3.128.687 | 82.751 | 275 |

Dunkelgraue Unterlegung: Ausgeschlossen nach Satz (S5.5).
Hellgraue Unterlegung: Für die angegebenen Abstände sind die betreffenden Längen $L$ von Gruppierungen nach Satz (S5.3) nicht möglich!

Tabelle 31a: Anzahl der Gruppierungen in 2.147.467.147 gelisteten ppT aus $5 \leq c_n \leq 35.389.175.273$
[1] Cluster, ↪ 2.3 *ppT-Cluster*.
[2] Das triviale ppT (0; 1; 1) ist nicht berücksichtigt.

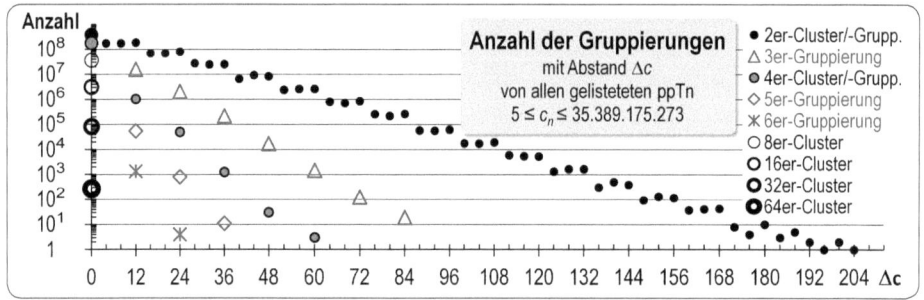

Graph 34.7: Anzahl der Gruppierungen aller 2.147.467.147 gelisteten ppT, $5 \le c_n \le 35.389.175.273$

## 2.2.3 Erstmaliges Auftreten von ppT-Gruppierungen

Die folgende Tabelle enthält alle erstmalig auftretenden ppT-Gruppierungen[21] mit den Abständen

$$\Delta c_n = c_n - c_{n-1} > 0$$

(nicht geclusterte[22] Gruppierungen) und Längen > 2 ppT der ersten 1.041.699.957 nach Größe von $c_n$ sortierten ppT ($c_{max}$ = 6.545.193.517) mit den Parametern der Formeln (F2a), (F2b) und (F2c) und der **Primfaktorzerlegung** $c_n = p_1 \cdot p_2 \cdot p_3 \cdot p_4$ (Faktoren mit quadratischer Form oder in höheren Potenzen $p_i^k$ sind zentriert gesetzt und dunkelgrau unterlegt):

| Länge | ppT $n$ | Parameter $y_n$ | Parameter $z_n$ | Kathete Min($a_n, b_n$) | Kathete Max($a_n, b_n$) | $c_n$ (F2c) | $\Delta c_n$ | Primfaktoren von $c_n$ ($p_i \in \mathbb{P}_1$) $p_1$ | $p_2$ | $p_3$ | $p_4$ |
|---|---|---|---|---|---|---|---|---|---|---|---|
| 3 ppT | 19 | 7 | 1 | 15 | 112 | 113 | — | 113 | | | |
| | 20 | 6 | 3 | 44 | 117 | 125 | 12 | $5^3$ | | | |
| | 21 | 5 | 6 | 88 | 105 | 137 | 12 | 137 | | | |
| | 6.258 | 108 | 58 | 15.908 | 35.955 | 39.317 | — | 39.317 | | | |
| | 6.259 | 125 | 29 | 8.091 | 38.500 | 39.341 | 24 | 39.341 | | | |
| | 6.260 | 79 | 103 | 26.883 | 28.756 | 39.365 | 24 | 5 | 7.873 | | |
| | 47.677 | 374 | 25 | 19.692 | 298.885 | 299.533 | — | 13 | 23.041 | | |
| | 47.678 | 263 | 217 | 161.231 | 252.480 | 299.569 | 36 | 299.569 | | | |
| | 47.679 | 305 | 150 | 113.844 | 277.133 | 299.605 | 36 | 5 | 59.921 | | |
| | 999.765 | 1.713 | 116 | 410.820 | 6.268.301 | 6.281.749 | — | 37 | 169.777 | | |
| | 999.766 | 1.071 | 1.195 | 3.987.715 | 4.853.772 | 6.281.797 | 48 | 6.281.797 | | | |
| | 999.767 | 1.180 | 1.031 | 3.496.284 | 5.218.963 | 6.281.845 | 48 | 5 | 1.256.369 | | |
| | 22.389.890 | 7.198 | 2.229 | 37.057.125 | 135.711.092 | 140.679.533 | — | 140.679.533 | | | |
| | 22.389.891 | 5.048 | 5.685 | 89.714.985 | 108.360.368 | 140.679.593 | 60 | 140.679.593 | | | |
| | 22.389.892 | 302 | 11.555 | 140.497.245 | 7.161.628 | 140.679.653 | 60 | 241 | 583.733 | | |
| | 122.466.448 | 16.699 | 5.451 | 211.765.899 | 739.765.700 | 769.479.101 | — | 769.479.101 | | | |
| | 122.466.449 | 4.282 | 23.125 | 732.808.125 | 234.713.548 | 769.479.173 | 72 | 769.479.173 | | | |
| | 122.466.450 | 4.211 | 23.207 | 734.014.203 | 230.914.396 | 769.479.245 | 72 | 5 | 17 | 9.052.697 | |
| | 337.335.019 | 5.414 | 40.305 | 2.060.915.565 | 495.045.332 | 2.119.538.357 | — | 2.119.538.357 | | | |
| | 337.335.020 | 20.221 | 21.139 | 1.301.760.759 | 1.672.681.120 | 2.119.538.441 | 84 | 2.119.538.441 | | | |
| | 337.335.021 | 6.059 | 39.579 | 2.046.115.563 | 553.041.284 | 2.119.538.525 | 84 | $5^2$ | 13 | 37 | 176.261 |
| 4 ppT | 321 | 22 | 17 | 1.037 | 1.716 | 2.005 | — | 5 | 401 | | |
| | 322 | 25 | 13 | 792 | 1.855 | 2.017 | 12 | 2.017 | | | |
| | 323 | 30 | 3 | 180 | 2.021 | 2.029 | 12 | 2.029 | | | |
| | 324 | 21 | 19 | 1.159 | 1.680 | 2.041 | 12 | 13 | 157 | | |
| | 147.046 | 445 | 407 | 527.879 | 758.280 | 923.929 | — | 923.929 | | | |
| | 147.047 | 623 | 109 | 147.695 | 912.072 | 923.953 | 24 | 923.953 | | | |
| | 147.048 | 516 | 295 | 391.465 | 836.952 | 923.977 | 24 | 923.977 | | | |
| | 147.049 | 411 | 458 | 586.440 | 714.049 | 924.001 | 24 | 13 | 17 | 37 | 113 |

---

[21] ppT-Gruppierungen sind nur dann eindeutig festgelegt, wenn die ppT-Listen einheitlich sortiert sind. Die beiden Alternativen zur internen Ordnung der ppT-Katheten ⇨ 2.3 **ppT-Cluster**, Sortierkriterien unter 2).
[22] Geclusterte Gruppierungen (Abstand $\Delta c = 0$) ⇨ 2.3 **ppT-Cluster**.

| Länge | ppT $n$ | Parameter $y_n$ | $z_n$ | Kathete Min($a_n, b_n$) | Max($a_n, b_n$) | $c_n$ (F2c) | $\Delta c_n$ | Primfaktoren von $c_n$ ($p_i \in \mathbb{P}_1$) $p_1$ | $p_2$ | $p_3$ | $p_4$ |
|---|---|---|---|---|---|---|---|---|---|---|---|
| 4 ppT | 5.214.589 | 2.006 | 3.355 | 24.716.285 | 21.508.332 | 32.764.357 | — | 32.764.357 | | | |
| | 5.214.590 | 108 | 5.615 | 32.741.065 | 1.236.168 | 32.764.393 | 36 | 32.764.393 | | | |
| | 5.214.591 | 2.595 | 2.507 | 19.296.379 | 26.479.380 | 32.764.429 | 36 | 32.764.429 | | | |
| | 5.214.592 | 17 | 5.707 | 32.763.887 | 194.616 | 32.764.465 | 36 | 5 | 1.601 | 4.093 | |
| | 251.530.986 | 21.814 | 11.421 | 628.714.629 | 1.449.976.580 | 1.580.415.821 | — | 1.777 | 889.373 | | |
| | 251.530.987 | 19.990 | 14.373 | 781.215.669 | 1.373.832.740 | 1.580.415.869 | 48 | 1.580.415.869 | | | |
| | 251.530.988 | 21.949 | 11.197 | 616.898.715 | 1.455.043.108 | 1.580.415.917 | 48 | 1.580.415.917 | | | |
| | 251.530.989 | 658 | 39.091 | 1.579.550.037 | 52.309.684 | 1.580.415.965 | 48 | 5 | 17 | 37 | 502.517 |
| | 802.465.897 | 36.688 | 24.107 | 2.350.022.681 | 4.460.893.920 | 5.042.041.369 | — | 5.042.041.369 | | | |
| | 802.465.898 | 9.927 | 60.383 | 4.844.950.771 | 1.395.934.740 | 5.042.041.429 | 60 | 5.042.041.429 | | | |
| | 802.465.899 | 34.433 | 27.667 | 2.670.778.511 | 4.276.578.600 | 5.042.041.489 | 60 | 5.042.041.489 | | | |
| | 802.465.900 | 12.093 | 57.877 | 4.749.560.251 | 1.692.294.420 | 5.042.041.549 | 60 | 769 | 6.556.621 | | |
| 5 ppT | 4.909 | 111 | 25 | 6.175 | 30.192 | 30.817 | — | 30.817 | | | |
| | 4.910 | 101 | 42 | 10.380 | 29.029 | 30.829 | 12 | 30.829 | | | |
| | 4.911 | 93 | 57 | 13.680 | 27.641 | 30.841 | 12 | 30.841 | | | |
| | 4.912 | 102 | 41 | 10.045 | 29.172 | 30.853 | 12 | 30.853 | | | |
| | 4.913 | 71 | 89 | 20.664 | 22.927 | 30.865 | 12 | 5 | 6.173 | | |
| | 4.486.819 | 3.123 | 1.171 | 8.685.307 | 26.820.324 | 28.191.565 | — | 5 | 5.638.313 | | |
| | 4.486.820 | 1.615 | 3.443 | 22.975.139 | 16.337.340 | 28.191.589 | 24 | 28.191.589 | | | |
| | 4.486.821 | 3.557 | 385 | 2.887.115 | 28.043.388 | 28.191.613 | 24 | 28.191.613 | | | |
| | 4.486.822 | 2.519 | 2.155 | 15.500.915 | 23.547.612 | 28.191.637 | 24 | 28.191.637 | | | |
| | 4.486.823 | 195 | 5.111 | 28.115.611 | 2.069.340 | 28.191.661 | 24 | $17^2$ | 97.549 | | |
| | 711.042.405 | 37.623 | 17.623 | 1.636.630.387 | 4.157.040.516 | 4.467.610.645 | — | 5 | 3.833 | 233.113 | |
| | 711.042.406 | 3.640 | 63.101 | 4.441.111.481 | 485.874.480 | 4.467.610.681 | 36 | 4.467.610.681 | | | |
| | 711.042.407 | 35.829 | 20.597 | 1.900.176.235 | 4.043.374.308 | 4.467.610.717 | 36 | 4.467.610.717 | | | |
| | 711.042.408 | 39.632 | 14.191 | 1.326.219.905 | 4.266.226.272 | 4.467.610.753 | 36 | 4.467.610.753 | | | |
| | 711.042.409 | 1.167 | 65.663 | 4.464.887.011 | 155.981.220 | 4.467.610.789 | 36 | 4.467.610.789 | | | |
| 6 ppT | 351.152 | 705 | 602 | 1.212.396 | 1.843.453 | 2.206.405 | — | 5 | 441.281 | | |
| | 351.153 | 804 | 445 | 913.585 | 2.008.392 | 2.206.417 | 12 | 2.206.417 | | | |
| | 351.154 | 715 | 587 | 1.183.979 | 1.861.860 | 2.206.429 | 12 | 2.206.429 | | | |
| | 351.155 | 650 | 686 | 1.361.880 | 1.735.991 | 2.206.441 | 12 | 2.206.441 | | | |
| | 351.156 | 595 | 767 | 1.499.172 | 1.618.925 | 2.206.453 | 12 | 2.206.453 | | | |
| | 351.157 | 721 | 578 | 1.168.104 | 1.871.903 | 2.206.465 | 12 | 5 | 29 | 15.217 | |
| | 1.033.256.052 | 43.726 | 23.951 | 2.668.213.253 | 5.918.489.004 | 6.492.139.405 | — | 5 | 1.298.427.881 | | |
| | 1.033.256.053 | 26.273 | 49.897 | 5.111.598.371 | 4.002.428.820 | 6.492.139.429 | 24 | 6.492.139.429 | | | |
| | 1.033.256.054 | 19.142 | 59.125 | 5.759.307.125 | 2.996.373.828 | 6.492.139.453 | 24 | 6.492.139.453 | | | |
| | 1.033.256.055 | 30.326 | 44.323 | 4.652.806.925 | 4.527.611.148 | 6.492.139.477 | 24 | 6.492.139.477 | | | |
| | 1.033.256.056 | 12.810 | 66.739 | 6.163.947.301 | 2.038.045.380 | 6.492.139.501 | 24 | 6.492.139.501 | | | |
| | 1.033.256.057 | 35.522 | 36.799 | 3.968.514.557 | 5.137.973.124 | 6.492.139.525 | 24 | $5^2$ | 259.685.581 | | |

Tabelle 32a: Erstmalig auftretende Längen $L$ von Gruppierungen in den ersten 1.041.699.957 ppTn, $c_n \leq 6.545.193.517$

**Beachte**: In allen Gruppierungen sind die Hypotenusen der mittleren ppT prim. Die einzige Ausnahme findet man im 20. ppT ($n = 20$), aber auch diese enthält gemäß Satz (S3.5) nur einen einzigen Primfaktor.

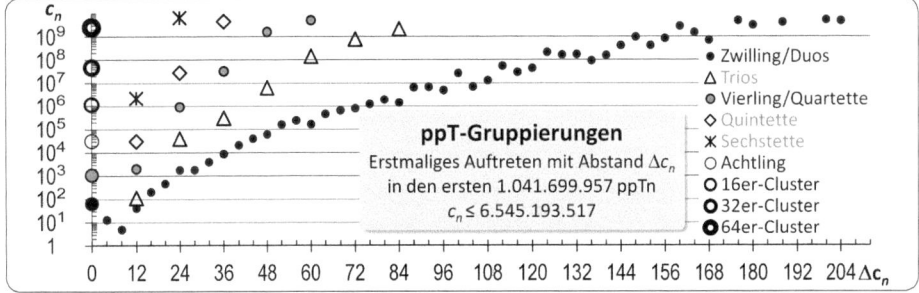

Graph 35: Erstmaliges Auftreten von Gruppierungen in den ersten 1.041.699.957 ppTn, $c_n \leq 6.545.193.517$

## 2.3 ppT-Cluster

In der nach Größe der Hypotenuse $c$ sortierten ppT-Liste sind Häufungen mit gleichem $c$ ($\Delta c = 0$) zu beobachten[23] — wir bezeichnen solche Gruppierungen in dieser Arbeit als **Cluster**.

Um die ppT-Gruppierungen und die Zählung der ppT auch innerhalb von Clustern eindeutig festzulegen muss die ppT-Liste passend sortiert werden:

1) Sortierung der Liste nach Größe von $c$ **und** nach Größe von $b$ (alternativ nach $a$).
2) Ordnung der ppT entweder mit stets $a < b$ **oder** mit stets $a$ ungerade aus (F2a) und $b$ gerade aus (F2b).

Anderenfalls wäre es möglich, dass an den Enden der Gruppierung mehrere ppT mit gleichem $c$ vorhanden sind und bei unterschiedlicher Sortierung unterschiedliche ppT am Gruppierungsrand gelistet sind, also unterschiedliche ppT den Gruppierungsrand bilden.

### 2.3.1 Clusterlängen

In Übereinstimmung mit den Sätzen (S3.1) und (S3.3) wurde beobachtet:

> **Alle Clusterlängen sind Potenzen von 2.**
>
> Eine Hypotenuse $c$, die ein **Produkt von $s$ unterschiedlichen pythagoreischen Primzahlen** ist, gehört zu einem ppT-Cluster der **Länge $2^{s-1}$**.

Es gibt also[24]:

**ppT-Zwillinge, ppT-Vierlinge, ppT-Achtlinge, 16er-Cluster, 32er-Cluster, 64er-Cluster**, ... .

Wie aufgrund der Sätze (S3.4) und (S3.3) erwartet, wurden nicht gefunden:

**ppT-Drillinge, ppT-Fünflinge, ppT-Sechslinge, ppT-Siebenlinge, ppT-Neunlinge**, ... .

---

[23] Der Anteil der Cluster nimmt mit der Länge der ppT-Liste bis zu einem Grenzwert von ca. 87% ($\approx 7/8$) zu, ☞Graph *37.1*. Diese Zunahme erklärt sich aus der Primfaktorzerlegung der Hypotenuse $c$, die für geclusterte ppT mit wachsendem $c$ variantenreicher wird, ☞Satz **(S3.5)**.
Bei Sortierung der ppT-Liste nach Größe der Kathete $a$ wurden in den ersten 1.038.413 ppTn ($a ≤ 389.120$) 999.525 ppT (96,3%) gefunden, deren $a$ wiederholt auftrat, bei Sortierung nach Größe von $b$ wurden in den ersten 936.371 ppTn ($b < 5.242.880$) 5 257.702 ppT (27,5%) gefunden, deren $b$ wiederholt auftrat.
[24] Die Namen wurden in Anlehnung an Begrifflichkeiten für Primzahlgruppierungen gewählt ☞ Selle: [L11].

## 2.3.2 Anteil geclusterter ppT

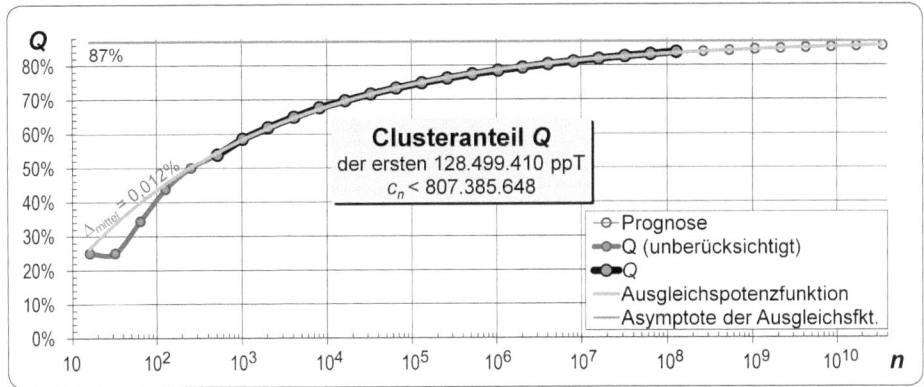

Graph 37.1: Clusteranteil $Q$ der ersten 128.499.410 ppT, $c_n < 807.385.648$

Dass der Anteil geclusterter ppT mit der Länge der ppT-Liste wächst, erklärt sich aus der Primfaktorzerlegung der Hypotenusen von geclusterten und nicht geclusterten ppTn: Die Hypotenusen nicht geclusterte ppT sind stets eine Potenz einer einzigen (pythagoreischen) Primzahl. In geclusterten ppTn dagegen sind sie ein Produkt von mehreren unterschiedlichen Primzahlen.[25]

Mit wachsender Hypotenuse ergeben sich deshalb für geclusterte ppT mehr Varianten der Faktorisierung als für nicht geclusterte ppT. In Listen mit mehr als 40.000.000.000 ppTn ist nur noch ca. $1/8$ der ppT nicht geclustert. Aus dem Grenzwert von Satz (S4) lässt sich folglich ableiten, dass der mittlere Abstand $\Delta c_{mittel}$ der nicht geclusterten ppT mit wachsender Hypotenuse c größer wird.

## 2.3.3 Erstmalig auftretende Clusterlängen

Die folgende Graphik zeigt, bei welcher Hypotenuse $c_n$ eine bestimmte **Clusterlänge erstmalig** auftritt.

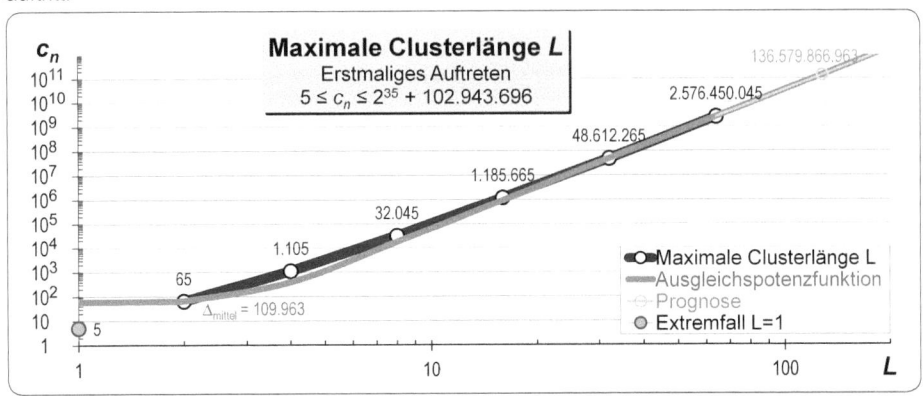

Graph 37.2: Erstmalig auftretende Clusterlängen $L$ im Bereich $5 \leq c_n \leq 2^{35} + 102.943.696$

---

25 ↪ Satz (S3.5).

# 16 — 2 ppT-Verteilung

In jeder in *Excel* erstellten Datei ist die ppT-Liste in $c_n$-Größenbereiche (mit max. 1 Mio. ppT) unterteilt. Deshalb sind stets alle ppT mit gleicher Hypotenuse $c_n$ in dieselbe Teilliste aufgenommen, so dass **Cluster** sehr verlässlich erkannt werden.[26]

Die Ausgleichsfunktion von Graph *37.2* zeigt: 128 ppT mit gleicher Hypotenuse $c$ wurden

erstmalig erwartet bei: $\quad c_n \approx 140.000.000.000,\ n \approx 22.000.000.000,$

tatsächlich gefunden bei: $\quad c_n = 157.163.452.745,\ n \approx 25.013.340.000.$[27]

Die Tabellen *34a* – *34f* zeigen die in Graph *37.2* angegebenen erstmalig auftretenden ppT-Cluster:

| $n$ | Cluster-länge $L$ | Cluster-ppT | | |
|---|---|---|---|---|
| | | Min$(a_n, b_n)^1$ | Max$(a_n, b_n)^1$ | $c_n$ |
| 1 | $2^0$ | 3 | 4 | 5 |
| 10 | $2^1$ | 33 | 56 | $65 = 5 \cdot 13$ |
| 11 | | 16 | 63 | |
| 174 | $2^2$ | 744 | 817 | $1.105 = 5 \cdot 13 \cdot 17$ |
| 175 | | 576 | 943 | |
| 176 | | 264 | 1.073 | |
| 177 | | 47 | 1.104 | |
| 5.098 | $2^3$ | 22.244 | 23.067 | $32.045 = 5 \cdot 13 \cdot 17 \cdot 29$ |
| 5.099 | | 21.093 | 24.124 | |
| 5.100 | | 17.253 | 27.004 | |
| 5.101 | | 15.916 | 27.813 | |
| 5.102 | | 8.283 | 30.956 | |
| 5.103 | | 6.764 | 31.323 | |
| 5.104 | | 2.277 | 31.964 | |
| 5.105 | | 716 | 32.037 | |
| 188.691 | $2^4$ | 782.463 | 890.816 | $1.185.665 = 5 \cdot 13 \cdot 17 \cdot 29 \cdot 37$ |
| 188.692 | | 738.104 | 927.903 | |
| 188.693 | | 661.377 | 984.064 | |
| 188.694 | | 612.616 | 1.015.137 | |
| 188.695 | | 591.224 | 1.027.743 | |
| 188.696 | | 540.417 | 1.055.344 | |
| 188.697 | | 501.736 | 1.074.273 | |
| 188.698 | | 463.263 | 1.091.416 | |
| 188.699 | | 448.767 | 1.097.456 | |
| 188.700 | | 409.504 | 1.112.703 | |
| 188.701 | | 359.384 | 1.129.887 | |
| 188.702 | | 303.873 | 1.146.064 | |
| 188.703 | | 279.807 | 1.152.176 | |
| 188.704 | | 223.304 | 1.164.447 | |
| 188.705 | | 139.136 | 1.177.473 | |
| 188.706 | | 81.567 | 1.182.856 | |

[1] Die Katheten sind, abweichend von den folgenden Tabellen *34b*, ..., *34k*, ppT-intern nach Größe sortiert!

Tabelle 34a: Erstmalig auftretender ppT-Zwilling, -Vierling, -Achtling und 16er-Cluster

---

26 ppT-Gruppierungen mit Abständen $\Delta c_n > 0$ sind durch die Aufsplittung der ppT-Liste in 65 Dateien mit jeweils 16 Teillisten gelegentlich zerteilt und mussten — fehlerträchtig — manuell erkannt werden; ⇨ Erläuterung zu Graph *33.5*.
27 Die Zählindizes $n$ wurden auf der Basis von Satz **(S4)** geschätzt.

| $n$ | $y_n$ | $z_n$ | $a_n = 2y_nz_n + z_n^2$ | $b_n = 2y_n^2 + 2y_nz_n$ | $c_n = 2y_n^2 + 2y_nz_n + z_n^2$ |
|---|---|---|---|---|---|
| 7.736.884 | 59 | 6.913 | 48.605.303 | 822.696 | |
| 7.736.885 | 132 | 6.839 | 48.577.417 | 1.840.344 | |
| 7.736.886 | 531 | 6.421 | 48.048.343 | 7.383.024 | |
| 7.736.887 | 581 | 6.367 | 47.937.143 | 8.073.576 | |
| 7.736.888 | 627 | 6.317 | 47.826.007 | 8.707.776 | |
| 7.736.889 | 876 | 6.041 | 47.077.513 | 12.118.584 | |
| 7.736.890 | 1.008 | 5.891 | 46.580.137 | 13.908.384 | |
| 7.736.891 | 1.284 | 5.569 | 45.314.953 | 17.598.504 | |
| 7.736.892 | 1.588 | 5.201 | 43.568.777 | 21.561.864 | |
| 7.736.893 | 1.659 | 5.113 | 43.107.703 | 22.469.496 | |
| 7.736.894 | 1.723 | 5.033 | 42.674.807 | 23.281.176 | |
| 7.736.895 | 2.092 | 4.559 | 39.859.337 | 27.827.784 | |
| 7.736.896 | 2.136 | 4.501 | 39.487.273 | 28.353.264 | |
| 7.736.897 | 2.317 | 4.259 | 37.875.287 | 30.473.184 | |
| 7.736.898 | 2.373 | 4.183 | 37.350.007 | 31.114.776 | |
| 7.736.899 | 2.736 | 3.677 | 33.640.873 | 35.091.936 | $48.612.265 = 5 \cdot 13 \cdot 17 \cdot 29 \cdot 37 \cdot 41$ |
| 7.736.900 | 2.757 | 3.647 | 33.410.167 | 35.311.656 | |
| 7.736.901 | 2.803 | 3.581 | 32.898.647 | 35.788.704 | |
| 7.736.902 | 3.072 | 3.187 | 29.737.897 | 38.455.296 | |
| 7.736.903 | 3.164 | 3.049 | 28.590.473 | 39.315.864 | |
| 7.736.904 | 3.333 | 2.791 | 26.394.487 | 40.822.584 | |
| 7.736.905 | 3.469 | 2.579 | 24.544.343 | 41.961.024 | |
| 7.736.906 | 3.704 | 2.203 | 21.173.033 | 43.759.056 | |
| 7.736.907 | 3.821 | 2.011 | 19.412.183 | 44.568.144 | |
| 7.736.908 | 4.028 | 1.663 | 16.162.697 | 45.846.696 | |
| 7.736.909 | 4.077 | 1.579 | 15.368.407 | 46.119.024 | |
| 7.736.910 | 4.136 | 1.477 | 14.399.273 | 46.430.736 | |
| 7.736.911 | 4.371 | 1.061 | 10.400.983 | 47.486.544 | |
| 7.736.912 | 4.596 | 647 | 6.365.833 | 48.193.656 | |
| 7.736.913 | 4.668 | 511 | 5.031.817 | 48.351.144 | |
| 7.736.914 | 4.712 | 427 | 4.206.377 | 48.429.936 | |
| 7.736.915 | 4.851 | 157 | 1.547.863 | 48.587.616 | |

Tabelle 34b: Erster 32er-Cluster

| $n$ | $y_n$ | $z_n$ | $a_n = 2y_nz_n + z_n^2$ | $b_n = 2y_n^2 + 2y_nz_n$ | $c_n = 2y^2 + 2yz + z^2$ |
|---|---|---|---|---|---|
| 410.054.788 | 1.342 | 49.399 | 2.572.848.117 | 136.188.844 | |
| 410.054.789 | 1.451 | 49.287 | 2.572.239.243 | 147.241.676 | |
| 410.054.790 | 1.678 | 49.053 | 2.570.818.677 | 170.253.236 | |
| 410.054.791 | 1.931 | 48.791 | 2.568.992.523 | 195.888.364 | |
| 410.054.792 | 2.462 | 48.237 | 2.564.327.157 | 249.641.876 | $2.576.450.045 =$ $5 \cdot 13 \cdot 17 \cdot 29 \cdot 37 \cdot 41 \cdot 53$ |
| ... | ... | ... | ... | ... | |
| 410.054.847 | 33.941 | 3.801 | 272.467.083 | 2.562.002.444 | |
| 410.054.848 | 34.022 | 3.647 | 261.457.077 | 2.563.149.436 | |
| 410.054.849 | 34.574 | 2.589 | 185.727.093 | 2.569.747.124 | |
| 410.054.850 | 35.398 | 981 | 70.413.237 | 2.575.487.684 | |
| 410.054.851 | 35.579 | 623 | 44.719.563 | 2.576.061.916 | |

Tabelle 34d: Erster 64er-Cluster, erste und letzte 5 ppT

**18** — 2 ppT-Verteilung

Die Cluster der folgenden Tabellen *34f*, ..., *34k* liegen außerhalb aller berechneten ppT-Listen. Ihr (absoluter) Zählindex *n* ist deshalb unbekannt und lässt sich derzeit nur über den Grenzwert von Satz **(S4)** schätzen. Ersatzweise ist in diesen Tabellen der ppT-interne (relative) Zählindex *Nr.* angegeben.

| Nr. | y | z | $a = 2yz + z^2$ | $b = 2y^2 + 2yz$ | $c = 2y^2+2yz+z^2$ |
|---|---|---|---|---|---|
| 1 | 279.644 | 1.359 | 761.919.273 | 157.161.605.864 | |
| 2 | 274.184 | 12.149 | 6.809.721.033 | 157.015.854.544 | |
| 3 | 271.732 | 16.929 | 9.486.893.097 | 156.876.861.704 | 157.163.452.745 = |
| ... | ... | ... | ... | ... | 5·13·17·29·37·41·53·61 |
| 126 | 5.227 | 391.177 | 157.108.809.687 | 4.144.007.416 | |
| 127 | 3.928 | 392.491 | 157.132.594.377 | 3.114.267.664 | |
| 128 | 1.076 | 395.361 | 157.161.137.193 | 853.132.424 | |

Tabelle 34f: Erster 128er-Cluster, erste und letzte 3 ppT

| Nr. | y | z | $a = 2yz + z^2$ | $b = 2y^2 + 2yz$ | $c = 2y^2+2yz+z^2$ |
|---|---|---|---|---|---|
| 1 | 2.390.953 | 8.271 | 39.619.553.967 | 11.472.863.640.944 | |
| 2 | 2.381.111 | 27.881 | 133.552.861.743 | 11.472.154.700.224 | |
| 3 | 2.375.864 | 38.303 | 183.472.557.393 | 11.471.464.930.576 | 11.472.932.050.385 = |
| ... | ... | ... | ... | ... | 5·13·17·29·37·41·53·61·73 |
| 254 | 19.423 | 3.367.693 | 11.472.177.544.527 | 131.575.908.136 | |
| 255 | 5.636 | 3.381.531 | 11.472.868.521.393 | 38.180.146.424 | |
| 256 | 4.268 | 3.382.901 | 11.472.895.618.737 | 28.912.874.584 | |

Tabelle 34h: Erster 256er-Cluster, erste und letzte 3 ppT

| Nr. | y | z | $a = 2yz + z^2$ | $b = 2y^2 + 2yz$ | $c = 2y^2+2yz+z^2$ |
|---|---|---|---|---|---|
| 1 | 22.510.892 | 168.409 | 7.610.435.212.937 | 1.021.062.590.892.**984** | |
| 2 | 22.508.764 | 172.649 | 7.802.038.868.873 | 1.021.061.144.807.**064** | |
| 3 | 22.476.603 | 236.681 | 10.695.587.645.047 | 1.021.034.934.588.**504** | 1.021.090.952.484.26**5** = |
| ... | ... | ... | ... | ... | 5·13·17·29·37·41·53·61·73·89 |
| 510 | 104.173 | 31.850.171 | 1.021.069.248.456.40**7** | 6.657.559.755.024 | (**16**. Ziffer **fett**) |
| 511 | 80.264 | 31.874.149 | 1.021.078.067.864.**873** | 5.129.578.010.064 | |
| 512 | 10.739 | 31.943.773 | 1.021.090.721.832.02**3** | 686.319.008.736 | |

Tabelle 34i: Erster 512er-Cluster, erste und letzte 3 ppT

| Nr. | y | z | $a = 2yz + z^2$ | $b = 2y^2 + 2yz$ | $c = 2y^2+2yz+z^2$ |
|---|---|---|---|---|---|
| 1 | 222.505.867 | 63.137 | 28.100.692.130.327 | 99.045.818.404.692.**936** | |
| 2 | 222.427.304 | 220.213 | 98.011.261.556.873 | 99.045.773.897.208.**336** | |
| 3 | 222.400.284 | 274.223 | 122.049.744.412.393 | 99.045.747.192.719.**976** | 99.045.822.390.973.**705** = |
| ... | ... | ... | ... | ... | 5·13·17·29·37·41·53·61·73·89·97 |
| 1.022 | 428.408 | 314.286.763 | 99.045.455.324.144.**777** | 269.652.993.955.536 | (**16**. und **17**. Ziffer **fett**) |
| 1.023 | 226.612 | 314.488.769 | 99.045.719.684.976.**617** | 142.636.563.838.344 | |
| 1.024 | 64.387 | 314.651.069 | 99.045.814.099.602.**167** | 40.527.168.130.944 | |

Tabelle 34j: Erster 1.024er-Cluster, erste und letzte 3 ppT

| Nr. | y | z | $a = 2yz + z^2$ | $b = 2y^2 + 2yz$ | $c = 2y^2+2yz+z^2$ |
|---|---|---|---|---|---|
| 1 | 2.236.298.893 | 349.341 | 1.562.583.822.293.307 | 10.003.627.939.449.**209.924** | 10.003.628.061.488.**344.205** = |
| ... | ... | ... | ... | ... | 5·13·17·29·37·41·53·61·73·89·97·101 |
| 2.048 | 818.998 | 3.162.032.151 | 10.003.626.719.972.**896.197** | 5.180.737.530.657.**404** | (**16**. bis **20**. Ziffer **fett**) |

Tabelle 34k: Erster 2.048er-Cluster, erstes und letztes ppT

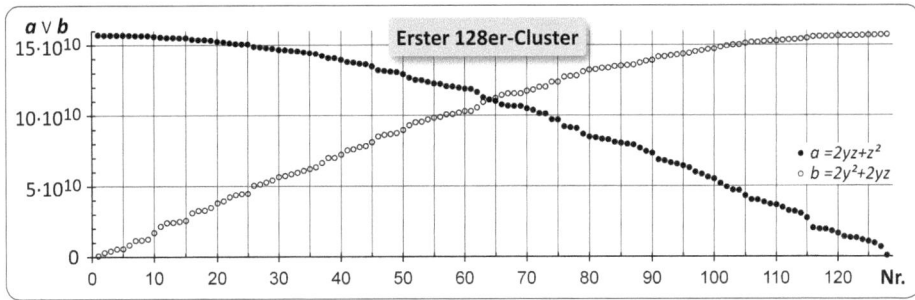

Graph 37.7: Erster 128er-Cluster

### 2.3.4 Länge von nicht geclusterten ppT-Gruppierungen

In einem ppT-Cluster der Länge $2^s$ ist die Hypotenuse $c$ nach Satz (S3.5) ein Produkt von $s+1$ unterschiedlichen pythagoreischen Primzahlen.[28] Für die Hypotenusen nicht geclusterter ppT ($s = 0$, Abstand zu den beiden benachbarten ppTn $c_n - c_{n-1} > 0$ **und** $c_{n+1} - c_n > 0$) lässt sich also umgekehrt formulieren:

> **Hypotenusen nicht geclusterter ppT
> sind Potenzen einer einzigen pythagoreischen Primzahl.**

Einschränkung: Wenn die erste oder die letzte Hypotenuse einer nicht geclusterten ppT-Gruppierung an ein ppT-Cluster angrenzt, dann kann die betreffende Hypotenuse auch ein Produkt mehrerer unterschiedlicher Primzahlen sein.[29] In diesem Fall ist
$$c_n - c_{n-1} = 0 \text{ oder } c_{n+1} - c_n = 0$$

Weiterhin gilt: Die **Primfaktoren** von ppT-Hypotenusen sind nach Satz (S3.4) stets **pythagoreisch**[30]!

Bemerkung: Die Darstellung von **pythagoreischen Primzahlen** und ihren Quadraten oder höheren Potenzen als Summe von zwei ganzzahligen Quadraten ist nach den Sätzen (S3.1) und (S3.3) eindeutig. Jedes auf der Basis dieser Quadrate gemäß Satz (S1.1) generierte ppT ist ebenfalls eindeutig. Deshalb können pythagoreischen Primzahlen und ihre Quadrate und höheren Potenzen nicht als Hypotenusen geclusterter ppT auftreten.

---

28 ♰ 2.3.1 *Clusterlängen*, ✄ Tabellen *34a* bis *34k*, *35a* bis *35f* und *36*.
29 ✄ Tabellen *24a*, *24b* und *32a*.
30 ♰ (D1), allgemeine Form: $4k + 1$, $k \in \mathbb{N}$.

Weil alle Hypotenusen nicht geclusterter ppT Potenzen einer einzigen pythagoreischen Primzahl sind, lassen sich **Listen pythagoreischer Primzahlen sehr schnell** auf dem Umweg über vollständige ppT-Listen **erstellen**: Die Auflistung der ersten 1.048.569 ppT dauerte 23 Minuten ($c_n <$ 6.588.492, viele Schreibbefehle, Mitte 2014 noch unvollständig optimiert). In nur 1 Min. wurden daraus alle 225.096 **primalen Hypotenusen**, also **alle pythagoreischen Primzahlen**, in eine separate Liste übertragen. Insgesamt wurden also 24 Minuten benötigt (+ 5 Min. Dateienhandling!). Zum Vergleich: Die Erstellung der (vollständigen!) Liste **aller** ersten 450.435 Primzahlen $p <$ 6.588.492 dauerte auf dem gleichen System 3:32:07 Stunden, also rund **acht mal so lange!**

Der Zeitvorteil wächst mit der Größe der Primzahlen: Die Erstellung einer Liste der letzten 16.384.011 ppT von 5.632.362.270 ppT mit 35.286.231.605 $\leq c \leq$ 35.389.175.273 dauert auf dem aktuell benutzten System (Okt. 2015) 5:46 Stunden, das Übertragen aller ihrer 2.119.795 pythagoreischen Primzahlen ca. 20 Minuten, also insgesamt 6:06 Stunden (das aufwändige Dateihandling nicht gerechnet). Vernachlässigt man, dass das Erstellen von ppT-Listen für die ersten ppT unvergleichlich viel schneller möglich ist als für die letzten, dann ergibt sich für die vollständige ppT-Liste bis $c_{max} = 35.389.175.273$ eine Rechenzeit < 2.100 Stunden < **88 Tage**.

Ein konkreter Vergleich mit der Erstellung einer **vollständigen** Primzahlliste ist mir nicht möglich (meine Programmiertechnik lässt für Teilbarkeitstests ohnehin nur Zahlen $< 2.147.483.648$ zu; das ist unproblematisch bei meiner Erstellung von ppT-Listen!). Schätzungen der Laufzeit haben aber ergeben, dass sie $\sim c_{max}^{1,4}$ wächst. Für die Erstellung der vollständigen Primzahlliste wäre deshalb für mein aktuelles System eine Laufzeit von **6,7 Jahren** zu erwarten!

Damit lässt sich nun beweisen, dass keine Gruppierungen mit Abständen $\Delta c < 420$ und Längen $L > 6$ ppT existieren.

**(S5.5)** Für nicht geclusterte **Gruppierungen mit einer Länge $L > 6$ ppT** gilt:

> **$c$ ist nicht teilbar durch 5**
> $\Delta c = c_i - c_{i-1} = 5 \cdot 4k, \; k \in \mathbb{N}$

Dies ergibt sich auf folgende Weise:

Eine Gruppierung der Länge $L = 7$ ppT enthält mindestens[31] 5 ppT, die zu keinem Cluster gehören. Deren Hypotenusen enthalten also nur einen einzigen Primfaktor, und der ist eine pythagoreische Primzahl. Diese fünf mittleren Hypotenusen hätten in einer Gruppierung mit dem Abstand $\Delta c = 12\,d$ also die allgemeine Form:

$$c_2 = 4 \cdot (k + \phantom{0}3\,d) + 1 \qquad d, k \in \mathbb{N}$$
$$c_3 = 4 \cdot (k + \phantom{0}6\,d) + 1$$
$$c_4 = 4 \cdot (k + \phantom{0}9\,d) + 1$$
$$c_5 = 4 \cdot (k + 12\,d) + 1$$
$$c_6 = 4 \cdot (k + 15\,d) + 1$$

Für $d = 1$ schreiben sich diese fünf Hypotenusen:

$$c_2 = 4 \cdot (k + \phantom{0}3) + 1 = 4k + \phantom{0}2 \cdot 5 + 3$$
$$c_3 = 4 \cdot (k + \phantom{0}6) + 1 = 4k + \phantom{0}5 \cdot 5 + 0$$
$$c_4 = 4 \cdot (k + \phantom{0}9) + 1 = 4k + \phantom{0}7 \cdot 5 + 2$$
$$c_5 = 4 \cdot (k + 12) + 1 = 4k + \phantom{0}9 \cdot 5 + 4$$
$$c_6 = 4 \cdot (k + 15) + 1 = 4k + 12 \cdot 5 + 1$$

Unabhängig von $c_1$ wäre unter den fünf Hypotenusen $c_2$ bis $c_6$ demzufolge eine, die durch 5 teilbar ist. Diese Hypotenuse wäre also ein Produkt aus 5 und einer pythagoreischen Primzahl, d. h. sie wäre Teil eines Clusters von zwei Tripeln und könnte folglich nicht den vorgegebenen Abstand $\Delta c = 4 \cdot 3\,d = 12$ zu **beiden** benachbarten Hypotenusen haben.

Für $d = 2, 3$ und $4$ ergibt sich ebenso, dass eine der fünf mittleren Hypotenusen durch 5 teilbar wäre. Lediglich bei $d = 5$ gilt dies nicht. Unter Berücksichtigung von Satz **(S5.3)** ist also bewiesen, dass es keine **Septette** gibt mit Abständen[32]

$$\Delta c < 3 \cdot 5 \cdot 7 \cdot 4\,k = 420\,k, \; k \in \mathbb{N}.$$

Entsprechend Satz **(S5.5)** ergibt sich eine weitere Einschränkung:

**(S5.6)** Für nicht geclusterte **Gruppierungen mit einer Länge $L > 14$ ppT** gilt:

> **$c$ ist nicht teilbar durch 13**
> $\Delta c = c_i - c_{i-1} = 13 \cdot 4k, \; k \in \mathbb{N}$

Verallgemeinert lauten die Sätze **(S5.5)** und **(S5.6)**:

**(S5.7)** Für nicht geclusterte **Gruppierungen mit einer Länge $L > p+1$ ppT**, $p \in \mathbb{P}_1$, gilt:

> **$c$ ist nicht teilbar durch $p$**
> $\Delta c = c_i - c_{i-1} = p \cdot 4k, \; k \in \mathbb{N}$

---

[31] Eine Gruppierung enthält **genau** 5 ppT, die zu keinem Cluster gehören, wenn sie die Länge $L = 7$ hat und beidseitig an ein Cluster angrenzt oder wenn sie die **Länge $L = 6$** hat und einseitig an ein Cluster angrenzt oder wenn sie die **Länge $L = 5$** hat und nicht an ein Cluster angrenzt.

[32] ppT-Abstände $\Delta c = 420$ sind allerdings erst bei $c_n \approx 1.700.000.000.000$ zu erwarten (✎ Graph **33.11**). Tabelle **31a** legt die Vermutung nahe, dass **Septette** mit $\Delta c = 420$ erst bei $c_n \gg 1.700.000.000.000$ auftreten werden. Aus diesem Grund haben die unten angegebenen Beispiele zu Satz **(S5.8)** für Gruppenlängen $L > 7$ ppT wohl eher akademischen Wert.

Die Sätze (S5.1) bis (S5.7) können zum folgenden verallgemeinerten Satz für die Bestimmung des **Mindestabstandes von ppT-Gruppierungen** zusammengefasst werden:

(S5.8)  Für **nicht geclusterte Gruppierungen** gilt in Abhängigkeit von ihrer **Länge $L$**:

$$L = 2 \text{ ppT} \qquad \Delta c = 4k, \ k \in \mathbb{N}$$
$$3 \leq L \leq 6 \text{ ppT} \qquad \Delta c = 3 \cdot 4k, \ k \in \mathbb{N}$$
$$L \geq 7 \text{ ppT} \qquad c \text{ ist nicht teilbar durch } p_i, \ p_i < L-1, \ p_i \in \mathbb{P}_1$$
$$\Delta c = r_{max}!! \cdot 4k, \ k \in \mathbb{N}, \ L \geq r_{max} \in \mathbb{P}$$

$\Delta c$ enthält für $L \geq 7$ ppT  neben dem Faktor $4k$ — je nach Primzahlkonstellation — das Produkt aller Primzahlen $r_l \leq r_{max}$, und zwar:

(a) $r_{max} = q_n$, falls $p_m < q_n$
(b) $r_{max} = p_m$, falls $p_m > q_n$ und $p_{m-1} < q_n$
(c) $r_{max} = p_{m-1}$, falls $p_{m-1} > q_n$ mit $L \geq p_m \geq p_i \in \mathbb{P}_1, \ L \geq q_n \geq q_j \in \mathbb{P}_2$

**Beispiele** ($L$ = Länge als ppT-Anzahl, $k \in \mathbb{N}$)

$L = 7$: $p_m \leq L = 7 \Rightarrow p_m = \mathbf{5} \in \mathbb{P}_1, \ q_n \leq L = \mathbf{7} \in \mathbb{P}_2$;
$p_i < L-1 = 6 \Rightarrow p_i \leq \mathbf{5} \in \mathbb{P}_1$; $c$ ist nicht teilbar durch **5**;
(a) $p_m < q_n \Rightarrow r_{max} = q_n = \mathbf{7}$;
$\Delta c = 7!! \cdot 4k = 5 \cdot 3 \cdot 7 \cdot 4k = \mathbf{420}\,k$. Dies gilt für $7 \leq L \leq 10$.

$L = 11$: $p_m \leq L = 11 \Rightarrow p_m = \mathbf{5} \in \mathbb{P}_1, \ q_n \leq L = \mathbf{11} \in \mathbb{P}_2$;
$p_i < L-1 = 10 \Rightarrow p_i \leq \mathbf{5} \in \mathbb{P}_1$; $c$ ist nicht teilbar durch 5.
(a) $p_m < q_n \Rightarrow r_{max} = q_n = \mathbf{11}$;
$\Delta c = 11!! \cdot 4k = 5 \cdot 3 \cdot 7 \cdot 11 \cdot 4k = \mathbf{4.620}\,k$. Dies gilt für $11 \leq L \leq 12$.

$L = 13$: $p_m \leq L = \mathbf{13} \in \mathbb{P}_1, \ p_{m-1} = \mathbf{5} \in \mathbb{P}_1; \ q_n \leq L = 13 \Rightarrow q_n = 11 \in \mathbb{P}_2$;
$p_i < L-1 = 12 \Rightarrow p_i \leq \mathbf{5} \in \mathbb{P}_1$; $c$ ist nicht teilbar durch 5.
(b) $p_m > q_n \land p_{m-1} < q_n \Rightarrow r_{max} = p_m = \mathbf{13}$;
$\Delta c = 13!! \cdot 4k = 5 \cdot 13 \cdot 3 \cdot 7 \cdot 11 \cdot 4k = \mathbf{60.060}\,k$. Dies gilt für $13 \leq L \leq 14$.

$L = 15$: $p_m \leq L = 15 \Rightarrow p_m = \mathbf{13} \in \mathbb{P}_1, \ p_{m-1} = \mathbf{5} \in \mathbb{P}_1; \ q_n \leq L = 15 \Rightarrow q_n = 11 \in \mathbb{P}_2$;
$p_i < L-1 = 14 \Rightarrow p_i \leq \mathbf{13} \in \mathbb{P}_1$; $c$ ist nicht teilbar durch 5 und **13**.
(b) $p_m > q_n \land p_{m-1} < q_n \Rightarrow r_{max} = p_m = \mathbf{13}$;
$\Delta c = 13!! \cdot 4k = 5 \cdot 13 \cdot 3 \cdot 7 \cdot 11 \cdot 4k = \mathbf{60.060}\,k$. Dies gilt für $15 \leq L \leq 16$.

$L = 17$: $p_m \leq L = \mathbf{17} \in \mathbb{P}_1, \ p_{m-1} = \mathbf{13} \in \mathbb{P}_1; \ q_n \leq L = 17 \Rightarrow q_n = 11 \in \mathbb{P}_2$;
$p_i < L-1 = 16 \Rightarrow p_i \leq \mathbf{13} \in \mathbb{P}_1$; $c$ ist nicht teilbar durch 5 und 13.
(c) $p_m > q_n \land p_{m-1} > q_n \Rightarrow r_{max} = p_{m-1} = 13$ (wie $L = 15$);
$\Delta c = 13!! \cdot 4k = 5 \cdot 13 \cdot 3 \cdot 7 \cdot 11 \cdot 4k = \mathbf{60.060}\,k$ (wie $L = 15$). Dies gilt für $17 \leq L \leq 18$.

$L = 19$: $p_m \leq L = 19 \Rightarrow p_m = \mathbf{17} \in \mathbb{P}_1, \ q_n \leq L = \mathbf{19} \in \mathbb{P}_2$;
$p_i < L-1 = 18 \Rightarrow p_i \leq \mathbf{17} \in \mathbb{P}_1$; $c$ ist nicht teilbar durch 5, 13 und **17**.
(a) $p_m < q_n \Rightarrow r_{max} = q_n = \mathbf{19}$;
$\Delta c = 19!! \cdot 4k = 5 \cdot 13 \cdot 17 \cdot 3 \cdot 7 \cdot 11 \cdot 19 \cdot 4k = \mathbf{19.399.380}\,k$. Dies gilt für $19 \leq L \leq 22$.

$L = 23$: $p_m \leq L = 23 \Rightarrow p_m = \mathbf{17} \in \mathbb{P}_1, \ q_n \leq L = \mathbf{23} \in \mathbb{P}_2$;
$p_i < L-1 = 22 \Rightarrow p_i \leq \mathbf{17} \in \mathbb{P}_1$; $c$ ist nicht teilbar durch 5, 13 und 17.
(a) $p_m < q_n \Rightarrow r_{max} = q_n = \mathbf{23}$;
$\Delta c = 23!! \cdot 4k = 5 \cdot 13 \cdot 17 \cdot 3 \cdot 7 \cdot 11 \cdot 19 \cdot 23 \cdot 4k = \mathbf{446.185.740}\,k$; gilt für $23 \leq L \leq 28$.

$L = 29$: $p_m \leq L = 29 \Rightarrow p_m = \mathbf{29} \in \mathbb{P}_1, \ p_{m-1} = \mathbf{13} \in \mathbb{P}_1; \ q_n \leq L = 29 \Rightarrow q_n = 23 \in \mathbb{P}_2$;
$p_i < L-1 = 28 \Rightarrow p_i \leq \mathbf{17} \in \mathbb{P}_1$; $c$ ist nicht teilbar durch 5, 13 und 17.
(b) $p_m > q_n \land p_{m-1} < q_n \Rightarrow r_{max} = p_m = \mathbf{29}$;
$\Delta c = 29!! \cdot 4k = 5 \cdot 13 \cdot 17 \cdot 29 \cdot 3 \cdot 7 \cdot 11 \cdot 19 \cdot 23 \cdot 4k = \mathbf{12.939.386.460}\,k$; gilt für $29 \leq L \leq 30$.

# 2 ppT-Verteilung

Die folgenden sechs Tabellen zeigen ppT-Cluster mit den Parametern $y_n$ und $z_n$ der Formeln von Satz (S1.1) und der **Primfaktorzerlegung** von $c_n = p_1 \cdot p_2 \cdot \ldots \cdot p_k$. In den Tabellen **35a** bis **35d** sind die Katheten im ppT nach Größe sortiert.

| n | $y_n$ | $z_n$ | Min($a_n,b_n$) | Max($a_n,b_n$) | $c_n$ $y_n^2+z_n^2$ | $p_1$ | $p_2$ | n | $y_n$ | $z_n$ | Min($a_n,b_n$) | Max($a_n,b_n$) | $c_n$ $y_n^2+z_n^2$ | $p_1$ | $p_2$ |
|---|---|---|---|---|---|---|---|---|---|---|---|---|---|---|---|
| 10 | 7 | 4 | 33 | 56 | 65 | 5 | 13 | 150 | 30 | 7 | 420 | 851 | 949 | 13 | 73 |
| 11 | 8 | 1 | 16 | 63 | | | | 151 | 25 | 18 | 301 | 900 | | | |
| 13 | 9 | 2 | 36 | 77 | 85 | 5 | 17 | 153 | 26 | 17 | 387 | 884 | 965 | 5 | 193 |
| 14 | 7 | 6 | 13 | 84 | | | | 154 | 31 | 2 | 124 | 957 | | | |
| 22 | 12 | 1 | 24 | 143 | 145 | 5 | 29 | 156 | 29 | 12 | 696 | 697 | 985 | 5 | 197 |
| 23 | 9 | 8 | 17 | 144 | | | | 157 | 27 | 16 | 473 | 864 | | | |
| 29 | 13 | 4 | 104 | 153 | 185 | 5 | 37 | 162 | 31 | 8 | 496 | 897 | 1.025 | $5^2$ | 41 |
| 30 | 11 | 8 | 57 | 176 | | | | 163 | 32 | 1 | 64 | 1.023 | | | |
| 33 | 13 | 6 | 133 | 156 | 205 | 5 | 41 | 165 | 29 | 14 | 645 | 812 | 1.037 | 17 | 61 |
| 34 | 14 | 3 | 84 | 187 | | | | 166 | 26 | 19 | 315 | 988 | | | |
| 35 | 14 | 5 | 140 | 171 | 221 | 13 | 17 | 170 | 28 | 17 | 495 | 952 | 1.073 | 29 | 37 |
| 36 | 11 | 10 | 21 | 220 | | | | 171 | 32 | 7 | 448 | 975 | | | |
| 41 | 16 | 3 | 96 | 247 | 265 | 5 | 53 | 181 | 30 | 15 | 704 | 903 | 1.145 | 5 | 229 |
| 42 | 12 | 11 | 23 | 264 | | | | 182 | 28 | 19 | 423 | 1.064 | | | |
| 48 | 16 | 7 | 207 | 224 | 305 | 5 | 61 | 184 | 31 | 14 | 765 | 868 | 1.157 | 13 | 89 |
| 49 | 17 | 4 | 136 | 273 | | | | 185 | 34 | 1 | 68 | 1.155 | | | |
| 52 | 17 | 6 | 204 | 253 | 325 | $5^2$ | 13 | 186 | 29 | 18 | 517 | 1.044 | 1.165 | 5 | 233 |
| 53 | 18 | 1 | 36 | 323 | | | | 187 | 34 | 3 | 204 | 1.147 | | | |
| 57 | 19 | 2 | 76 | 357 | 365 | 5 | 73 | 189 | 33 | 10 | 660 | 989 | 1.189 | 29 | 41 |
| 58 | 14 | 13 | 27 | 364 | | | | 190 | 30 | 17 | 611 | 1.020 | | | |
| 60 | 19 | 4 | 152 | 345 | 377 | 13 | 29 | 193 | 34 | 7 | 476 | 1.107 | 1.205 | 5 | 241 |
| 61 | 16 | 11 | 135 | 352 | | | | 194 | 26 | 23 | 147 | 1.196 | | | |
| 67 | 19 | 8 | 297 | 304 | 425 | $5^2$ | 17 | 199 | 29 | 20 | 441 | 1.160 | 1.241 | 17 | 73 |
| 68 | 16 | 13 | 87 | 416 | | | | 200 | 35 | 4 | 280 | 1.209 | | | |
| 70 | 18 | 11 | 203 | 396 | 445 | 5 | 89 | 202 | 30 | 19 | 539 | 1.140 | 1.261 | 13 | 97 |
| 71 | 21 | 2 | 84 | 437 | | | | 203 | 35 | 6 | 420 | 1.189 | | | |
| 75 | 20 | 9 | 319 | 360 | 481 | 13 | 37 | 205 | 33 | 14 | 893 | 924 | 1.285 | 5 | 257 |
| 76 | 16 | 15 | 31 | 480 | | | | 206 | 31 | 18 | 637 | 1.116 | | | |
| 77 | 17 | 14 | 93 | 476 | 485 | 5 | 97 | 210 | 32 | 17 | 735 | 1.088 | 1.313 | 13 | 101 |
| 78 | 22 | 1 | 44 | 483 | | | | 211 | 28 | 23 | 255 | 1.288 | | | |
| 79 | 18 | 13 | 155 | 468 | 493 | 17 | 29 | 213 | 34 | 13 | 884 | 987 | 1.325 | $5^2$ | 53 |
| 80 | 22 | 3 | 132 | 475 | | | | 214 | 29 | 22 | 357 | 1.276 | | | |
| 81 | 21 | 8 | 336 | 377 | 505 | 5 | 101 | 215 | 33 | 16 | 833 | 1.056 | 1.345 | 5 | 269 |
| 82 | 19 | 12 | 217 | 456 | | | | 216 | 36 | 7 | 504 | 1.247 | | | |
| 85 | 22 | 7 | 308 | 435 | 533 | 13 | 41 | 221 | 32 | 19 | 663 | 1.216 | 1.385 | 5 | 277 |
| 86 | 23 | 2 | 92 | 525 | | | | 222 | 37 | 4 | 296 | 1.353 | | | |
| 88 | 23 | 4 | 184 | 513 | 545 | 5 | 109 | 223 | 37 | 6 | 444 | 1.333 | 1.405 | 5 | 281 |
| 89 | 17 | 16 | 33 | 544 | | | | 224 | 27 | 26 | 53 | 1.404 | | | |
| 91 | 22 | 9 | 396 | 403 | 565 | 5 | 113 | 226 | 36 | 11 | 792 | 1.175 | 1.417 | 13 | 109 |
| 92 | 23 | 6 | 276 | 493 | | | | 227 | 29 | 24 | 265 | 1.392 | | | |
| 100 | 23 | 10 | 429 | 460 | 629 | 17 | 37 | 230 | 31 | 22 | 477 | 1.364 | 1.445 | 5 | $17^2$ |
| 101 | 25 | 2 | 100 | 621 | | | | 231 | 38 | 1 | 76 | 1.443 | | | |
| 107 | 26 | 3 | 156 | 667 | 685 | 5 | 137 | 233 | 36 | 13 | 936 | 1.127 | 1.465 | 5 | 293 |
| 108 | 19 | 18 | 37 | 684 | | | | 234 | 32 | 21 | 583 | 1.344 | | | |
| 109 | 25 | 8 | 400 | 561 | 689 | 13 | 53 | 235 | 37 | 10 | 740 | 1.269 | 1.469 | 13 | 113 |
| 110 | 20 | 17 | 111 | 680 | | | | 236 | 38 | 5 | 380 | 1.419 | | | |
| 111 | 24 | 11 | 455 | 528 | 697 | 17 | 41 | 240 | 37 | 12 | 888 | 1.225 | 1.513 | 17 | 89 |
| 112 | 21 | 16 | 185 | 672 | | | | 241 | 28 | 27 | 55 | 1.512 | | | |
| 115 | 26 | 7 | 364 | 627 | 725 | $5^2$ | 29 | 242 | 34 | 19 | 795 | 1.292 | 1.517 | 37 | 41 |
| 116 | 23 | 14 | 333 | 644 | | | | 243 | 29 | 26 | 165 | 1.508 | | | |
| 118 | 24 | 13 | 407 | 624 | 745 | 5 | 149 | 244 | 38 | 9 | 684 | 1.363 | 1.525 | $5^2$ | 61 |
| 119 | 27 | 4 | 216 | 713 | | | | 245 | 39 | 2 | 156 | 1.517 | | | |
| 124 | 23 | 16 | 273 | 736 | 785 | 5 | 157 | 246 | 31 | 24 | 385 | 1.488 | 1.537 | 29 | 53 |
| 125 | 28 | 1 | 56 | 783 | | | | 247 | 39 | 4 | 312 | 1.505 | | | |
| 126 | 27 | 8 | 432 | 665 | 793 | 13 | 61 | 250 | 37 | 14 | 1.036 | 1.173 | 1.565 | 5 | 313 |
| 127 | 28 | 3 | 168 | 775 | | | | 251 | 38 | 11 | 836 | 1.323 | | | |
| 133 | 22 | 19 | 123 | 836 | 845 | 5 | $13^2$ | 252 | 36 | 17 | 1.007 | 1.224 | 1.585 | 5 | 317 |
| 134 | 29 | 2 | 116 | 837 | | | | 253 | 39 | 8 | 624 | 1.457 | | | |
| 137 | 28 | 9 | 504 | 703 | 865 | 5 | 173 | 259 | 37 | 16 | 1.113 | 1.184 | 1.625 | $5^3$ | 13 |
| 138 | 24 | 17 | 287 | 816 | | | | 260 | 29 | 28 | 57 | 1.624 | | | |
| 141 | 26 | 15 | 451 | 780 | 901 | 17 | 53 | 262 | 40 | 7 | 560 | 1.551 | 1.649 | 17 | 97 |
| 142 | 30 | 1 | 60 | 899 | | | | 263 | 32 | 25 | 399 | 1.600 | | | |
| 143 | 28 | 11 | 616 | 663 | 905 | 5 | 181 | 267 | 34 | 23 | 627 | 1.564 | 1.685 | 5 | 337 |
| 144 | 29 | 8 | 464 | 777 | | | | 268 | 41 | 2 | 164 | 1.677 | | | |
| 145 | 27 | 14 | 533 | 756 | 925 | $5^2$ | 37 | 272 | 39 | 14 | 1.092 | 1.325 | 1.717 | 17 | 101 |
| 146 | 22 | 21 | 43 | 924 | | | | 273 | 41 | 6 | 492 | 1.645 | | | |

Primzahlpotenz | $n$ mehrerer aufeinander folgender Zwillinge

Tabelle 35a: Alle Zwillinge der ersten 273 ppT, $c_n \leq 1.717$

| $n$ | $y_n$ | $z_n$ | Min($a_n,b_n$) | Max($a_n,b_n$) | $c_n = y_n^2 + z_n^2$ | $p_1$ | $p_2$ | $p_3$ |
|---|---|---|---|---|---|---|---|---|
| 174 | 31 | 12 | 744 | 817 | 1.105 | 5 | 13 | 17 |
| 175 | 32 | 9 | 576 | 943 | | | | |
| 176 | 33 | 4 | 264 | 1.073 | | | | |
| 177 | 24 | 23 | 47 | 1.104 | | | | |
| 298 | 38 | 21 | 1.003 | 1.596 | 1.885 | 5 | 13 | 29 |
| 299 | 42 | 11 | 924 | 1.643 | | | | |
| 300 | 43 | 6 | 516 | 1.813 | | | | |
| 301 | 34 | 27 | 427 | 1.836 | | | | |
| 381 | 46 | 17 | 1.564 | 1.827 | 2.405 | 5 | 13 | 37 |
| 382 | 47 | 14 | 1.316 | 2.013 | | | | |
| 383 | 38 | 31 | 483 | 2.356 | | | | |
| 384 | 49 | 2 | 196 | 2.397 | | | | |
| 390 | 47 | 16 | 1.504 | 1.953 | 2.465 | 5 | 13 | 29 |
| 391 | 44 | 23 | 1.407 | 2.024 | | | | |
| 392 | 41 | 28 | 897 | 2.296 | | | | |
| 393 | 49 | 8 | 784 | 2.337 | | | | |
| 421 | 48 | 19 | 1.824 | 1.943 | 2.665 | 5 | 13 | 41 |
| 422 | 44 | 27 | 1.207 | 2.376 | | | | |
| 423 | 51 | 8 | 816 | 2.537 | | | | |
| 424 | 37 | 36 | 73 | 2.664 | | | | |
| 500 | 52 | 21 | 2.184 | 2.263 | 3.145 | 5 | 17 | 37 |
| 501 | 48 | 29 | 1.463 | 2.784 | | | | |
| 502 | 43 | 36 | 553 | 3.096 | | | | |
| 503 | 56 | 3 | 336 | 3.127 | | | | |
| 546 | 54 | 23 | 2.387 | 2.484 | 3.445 | 5 | 13 | 53 |
| 547 | 57 | 14 | 1.596 | 3.053 | | | | |
| 548 | 58 | 9 | 1.044 | 3.283 | | | | |
| 549 | 42 | 41 | 83 | 3.444 | | | | |
| 554 | 53 | 26 | 2.133 | 2.756 | 3.485 | 5 | 17 | 41 |
| 555 | 58 | 11 | 1.276 | 3.243 | | | | |
| 556 | 46 | 37 | 747 | 3.404 | | | | |
| 557 | 59 | 2 | 236 | 3.477 | | | | |

Tabelle 35b: Alle Vierlinge der ersten 557 ppT, $c_n \leq 3.485$

| $n$ | $y_n$ | $z_n$ | Min($a_n,b_n$) | Max($a_n,b_n$) | $c_n = y_n^2 + z_n^2$ | $p_1$ | $p_2$ | $p_3$ | $p_4$ |
|---|---|---|---|---|---|---|---|---|---|
| 5.098 | 166 | 67 | 22.244 | 23.067 | 32.045 | 5 | 13 | 17 | 29 |
| ... | ... | ... | ... | ... | | | | | |
| 5.105 | 179 | 2 | 716 | 32.037 | | | | | |
| 6.504 | 183 | 86 | 26.093 | 31.476 | 40.885 | 5 | 13 | 17 | 37 |
| ... | ... | ... | ... | ... | | | | | |
| 6.511 | 202 | 9 | 3.636 | 40.723 | | | | | |
| 9.316 | 223 | 94 | 40.893 | 41.924 | 58.565 | 5 | 13 | 17 | 53 |
| ... | ... | ... | ... | ... | | | | | |
| 9.323 | 242 | 1 | 484 | 58.563 | | | | | |
| 10.721 | 237 | 106 | 44.933 | 50.244 | 67.405 | 5 | 13 | 17 | 61 |
| ... | ... | ... | ... | ... | | | | | |
| 10.728 | 189 | 178 | 4.037 | 67.284 | | | | | |
| 11.099 | 241 | 108 | 46.417 | 52.056 | 69.745 | 5 | 13 | 29 | 37 |
| ... | ... | ... | ... | ... | | | | | |
| 11.106 | 264 | 7 | 3.696 | 69.647 | | | | | |
| 12.294 | 257 | 106 | 54.484 | 54.813 | 77.285 | 5 | 13 | 29 | 41 |
| ... | ... | ... | ... | ... | | | | | |
| 12.301 | 278 | 1 | 556 | 77.283 | | | | | |
| 12.839 | 261 | 112 | 55.577 | 58.464 | 80.665 | 5 | 13 | 17 | 73 |
| ... | ... | ... | ... | ... | | | | | |
| 12.846 | 284 | 3 | 1.704 | 80.647 | | | | | |
| 14.511 | 274 | 127 | 58.947 | 69.596 | 91.205 | 5 | 17 | 29 | 37 |
| ... | ... | ... | ... | ... | | | | | |
| 14.518 | 302 | 1 | 604 | 91.203 | | | | | |

Tabelle 35c: Alle Achtlinge der ersten 14.518 ppT, $c_n \leq 91.205$

# 2 ppT-Verteilung

| $n$ | $y_n$ | $z_n$ | Min($a_n,b_n$) | Max($a_n,b_n$) | $c_n = y_n^2 + z_n^2$ | $p_1$ | $p_2$ | $p_3$ | $p_4$ | $p_5$ |
|---|---|---|---|---|---|---|---|---|---|---|
| 188.691 | 992 | 449 | 782.463 | 890.816 | | | | | | |
| ... | ... | ... | ... | ... | 1.185.665 | 5 | 13 | 17 | 29 | 37 |
| 188.706 | 796 | 743 | 81.567 | 1.182.856 | | | | | | |
| 209.089 | 1.058 | 441 | 924.883 | 933.156 | | | | | | |
| ... | ... | ... | ... | ... | 1.313.845 | 5 | 13 | 17 | 29 | 41 |
| 209.104 | 814 | 807 | 11.347 | 1.313.796 | | | | | | |
| 266.785 | 1.198 | 491 | 1.176.436 | 1.194.123 | | | | | | |
| ... | ... | ... | ... | ... | 1.676.285 | 5 | 13 | 17 | 37 | 41 |
| 266.800 | 917 | 914 | 5.493 | 1.676.276 | | | | | | |
| 270.298 | 1.208 | 489 | 1.181.424 | 1.220.143 | | | | | | |
| ... | ... | ... | ... | ... | 1.698.385 | 5 | 13 | 17 | 29 | 53 |
| 270.313 | 927 | 916 | 20.273 | 1.698.264 | | | | | | |
| 311.096 | 1.301 | 512 | 1.332.224 | 1.430.457 | | | | | | |
| ... | ... | ... | ... | ... | 1.954.745 | 5 | 13 | 17 | 29 | 61 |
| 311.111 | 1.004 | 973 | 61.287 | 1.953.784 | | | | | | |
| 344.853 | 1.363 | 556 | 1.515.656 | 1.548.633 | | | | | | |
| ... | ... | ... | ... | ... | 2.166.905 | 5 | 13 | 17 | 37 | 53 |
| 344.868 | 1.472 | 11 | 32.384 | 2.166.663 | | | | | | |
| 372.304 | 1.414 | 583 | 1.648.724 | 1.659.507 | | | | | | |
| ... | ... | ... | ... | ... | 2.339.285 | 5 | 13 | 17 | 29 | 73 |
| 372.319 | 1.082 | 1.081 | 2.163 | 2.339.284 | | | | | | |
| 382.157 | 1.421 | 618 | 1.637.317 | 1.756.356 | | | | | | |
| ... | ... | ... | ... | ... | 2.401.165 | 5 | 13 | 17 | 41 | 53 |
| 382.172 | 1.117 | 1.074 | 94.213 | 2.399.316 | | | | | | |

Tabelle 35d: Alle 16er-Cluster der ersten 382.172 ppT, $c_n \leq 2.401.165$

| $n$ | $y_n =$ $b_n/z_n/2$ | $z_n =$ $\sqrt{(c_n - a_n)/2}$ | $a_n = y_n^2 - z_n^2$ | $b_n = 2y_nz_n$ | $c_n = y_n^2 + z_n^2$ | $p_1$ | $p_2$ | $p_3$ | $p_4$ | $p_5$ | $p_6$ |
|---|---|---|---|---|---|---|---|---|---|---|---|
| 7.736.884 | 6.972 | 59 | 48.605.303 | 822.696 | | | | | | | |
| ... | ... | ... | ... | ... | 48.612.265 | 5 | 13 | 17 | 29 | 37 | 41 |
| 7.736.915 | 5.008 | 4.851 | 1.547.863 | 48.587.616 | | | | | | | |
| 10.001.309 | 7.927 | 54 | 62.834.413 | 856.116 | | | | | | | |
| ... | ... | ... | ... | ... | 62.840.245 | 5 | 13 | 17 | 29 | 37 | 53 |
| 10.001.340 | 5.703 | 5.506 | 2.208.173 | 62.801.436 | | | | | | | |
| 11.082.548 | 8.344 | 107 | 69.610.887 | 1.785.616 | | | | | | | |
| ... | ... | ... | ... | ... | 69.633.785 | 5 | 13 | 17 | 29 | 41 | 53 |
| 11.082.579 | 5.932 | 5.869 | 743.463 | 69.629.816 | | | | | | | |
| 11.510.955 | 8.501 | 242 | 72.208.437 | 4.114.484 | | | | | | | |
| ... | ... | ... | ... | ... | 72.325.565 | 5 | 13 | 17 | 29 | 37 | 61 |
| 11.510.986 | 6.038 | 5.989 | 589.323 | 72.323.164 | | | | | | | |
| 12.755.381 | 8.952 | 79 | 80.132.063 | 1.414.416 | | | | | | | |
| ... | ... | ... | ... | ... | 80.144.545 | 5 | 13 | 17 | 29 | 41 | 61 |
| 12.755.412 | 6.428 | 6.231 | 2.493.823 | 80.105.736 | | | | | | | |
| 13.775.384 | 9.301 | 212 | 86.463.657 | 3.943.624 | | | | | | | |
| ... | ... | ... | ... | ... | 86.553.545 | 5 | 13 | 17 | 29 | 37 | 73 |
| 13.775.415 | 6.589 | 6.568 | 276.297 | 86.553.104 | | | | | | | |
| 14.139.800 | 9.424 | 177 | 88.780.447 | 3.336.096 | | | | | | | |
| ... | ... | ... | ... | ... | 88.843.105 | 5 | 13 | 17 | 37 | 41 | 53 |
| 14.139.831 | 6.904 | 6.417 | 6.487.327 | 88.605.936 | | | | | | | |
| 15.264.657 | 9.787 | 354 | 95.660.053 | 6.929.196 | | | | | | | |
| ... | ... | ... | ... | ... | 95.910.685 | 5 | 13 | 17 | 29 | 41 | 73 |
| 15.264.688 | 7.006 | 6.843 | 2.257.387 | 95.884.116 | | | | | | | |
| 16.274.064 | 10.112 | 29 | 102.251.703 | 586.496 | | | | | | | |
| ... | ... | ... | ... | ... | 102.253.385 | 5 | 13 | 17 | 37 | 41 | 61 |
| 16.274.095 | 7.256 | 7.043 | 3.045.687 | 102.208.016 | | | | | | | |

Tabelle 35e: Alle 32er-Cluster der ersten 16.383.962 ppT, $c_n < 102.943.696$

In den Tabellen *35e* und *35f* sind $a_n$, $y_n$ und $z_n$ aus $b_n$ und $c_n$ errechnet, weil sie in den betreffenden ppT-Listen nicht enthalten sind.

𝒮elle: Pythagoreische Zahlentripel 2.3 ppT-Cluster — **25**

| $n$ | $y_n = b_n/z_n/2$ | $z_n = \sqrt{(c_n - a_n)/2}$ | $a_n = y_n^2 - z_n^2$ | $b_n = 2y_n z_n$ | $c_n = y_n^2 + z_n^2$ | $p_1$ | $p_2$ | $p_3$ | $p_4$ | $p_5$ | $p_6$ | $p_7$ |
|---|---|---|---|---|---|---|---|---|---|---|---|---|
| 410.054.788 | 50.741 | 1.342 | 2.572.848.117 | 136.188.844 | 2.576.450.045 | 5 | 13 | 17 | 29 | 37 | 41 | 53 |
| ... | ... | ... | ... | ... | | | | | | | | |
| 410.054.851 | 36.202 | 35.579 | 44.719.563 | 2.576.061.916 | | | | | | | | |
| 471.949.762 | 54.447 | 934 | 2.963.603.453 | 101.706.996 | 2.965.348.165 | 5 | 13 | 17 | 29 | 37 | 41 | 61 |
| ... | ... | ... | ... | ... | | | | | | | | |
| 471.949.825 | 38.529 | 38.482 | 3.619.517 | 2.965.345.956 | | | | | | | | |
| 564.792.379 | 59.567 | 684 | 3.547.759.633 | 81.487.656 | 3.548.695.345 | 5 | 13 | 17 | 29 | 37 | 41 | 73 |
| ... | ... | ... | ... | ... | | | | | | | | |
| 564.792.442 | 42.663 | 41.576 | 91.567.793 | 3.547.513.776 | | | | | | | | |
| 610.081.393 | 61.912 | 399 | 3.832.936.543 | 49.405.776 | 3.833.254.945 | 5 | 13 | 17 | 29 | 37 | 53 | 61 |
| ... | ... | ... | ... | ... | | | | | | | | |
| 610.081.456 | 44.272 | 43.281 | 86.765.023 | 3.832.272.864 | | | | | | | | |
| 676.036.024 | 65.174 | 103 | 4.247.639.667 | 13.425.844 | 4.247.660.885 | 5 | 13 | 17 | 29 | 41 | 53 | 61 |
| ... | ... | ... | ... | ... | | | | | | | | |
| 676.036.087 | 46.727 | 45.434 | 119.164.173 | 4.245.989.036 | | | | | | | | |
| 688.582.469 | 65.776 | 97 | 4.326.472.767 | 12.760.544 | 4.326.491.585 | 5 | 13 | 17 | 29 | 37 | 41 | 89 |
| ... | ... | ... | ... | ... | | | | | | | | |
| 688.582.532 | 46.649 | 46.372 | 25.766.817 | 4.326.414.856 | | | | | | | | |
| 730.097.496 | 67.723 | 966 | 4.585.471.573 | 130.840.836 | 4.587.337.885 | 5 | 13 | 17 | 29 | 37 | 53 | 73 |
| ... | ... | ... | ... | ... | | | | | | | | |
| 730.097.559 | 48.162 | 47.621 | 51.818.603 | 4.587.045.204 | | | | | | | | |
| 750.477.615 | 68.668 | 309 | 4.715.198.743 | 42.436.824 | 4.715.389.705 | 5 | 13 | 17 | 29 | 37 | 41 | 97 |
| ... | ... | ... | ... | ... | | | | | | | | |
| 750.477.678 | 49.512 | 47.581 | 187.486.583 | 4.711.660.944 | | | | | | | | |
| 781.425.185 | 70.067 | 674 | 4.908.930.213 | 94.450.316 | 4.909.838.765 | 5 | 13 | 17 | 29 | 37 | 41 | 101 |
| ... | ... | ... | ... | ... | | | | | | | | |
| 781.425.248 | 49.949 | 49.142 | 79.966.437 | 4.909.187.516 | | | | | | | | |
| 809.026.939 | 71.297 | 64 | 5.083.258.113 | 9.126.016 | 5.083.266.305 | 5 | 13 | 17 | 29 | 41 | 53 | 73 |
| ... | ... | ... | ... | ... | | | | | | | | |
| 809.027.002 | 50.521 | 50.308 | 21.476.577 | 5.083.220.936 | | | | | | | | |
| 840.300.811 | 72.662 | 1 | 5.279.766.243 | 145.324 | 5.279.766.245 | 5 | 13 | 17 | 29 | 37 | 61 | 73 |
| ... | ... | ... | ... | ... | | | | | | | | |
| 840.300.874 | 51.553 | 51.206 | 35.657.373 | 5.279.645.836 | | | | | | | | |
| 843.320.250 | 72.786 | 967 | 5.296.866.707 | 140.768.124 | 5.298.736.885 | 5 | 13 | 17 | 29 | 37 | 41 | 109 |
| ... | ... | ... | ... | ... | | | | | | | | |
| 843.320.313 | 51.702 | 51.241 | 47.456.723 | 5.298.524.364 | | | | | | | | |
| 862.528.980 | 73.611 | 922 | 5.417.729.237 | 135.738.684 | 5.419.429.405 | 5 | 13 | 17 | 37 | 41 | 53 | 61 |
| ... | ... | ... | ... | ... | | | | | | | | |
| 862.529.043 | 52.438 | 51.669 | 80.058.283 | 5.418.838.044 | | | | | | | | |
| 874.267.871 | 74.116 | 67 | 5.493.176.967 | 9.931.544 | 5.493.185.945 | 5 | 13 | 17 | 29 | 37 | 41 | 113 |
| ... | ... | ... | ... | ... | | | | | | | | |
| 874.267.934 | 52.912 | 51.899 | 106.173.543 | 5.492.159.776 | | | | | | | | |
| 890.118.853 | 74.782 | 659 | 5.591.913.243 | 98.562.676 | 5.592.781.805 | 5 | 13 | 17 | 29 | 37 | 53 | 89 |
| ... | ... | ... | ... | ... | | | | | | | | |
| 890.118.916 | 53.266 | 52.493 | 81.751.707 | 5.592.184.276 | | | | | | | | |
| 931.144.168 | 76.488 | 371 | 5.850.276.503 | 56.754.096 | 5.850.551.785 | 5 | 13 | 17 | 29 | 41 | 61 | 73 |
| ... | ... | ... | ... | ... | | | | | | | | |
| 931.144.231 | 55.132 | 53.019 | 228.523.063 | 5.846.087.016 | | | | | | | | |
| 970.129.415 | 78.066 | 1.097 | 6.093.096.947 | 171.276.804 | 6.095.503.765 | 5 | 13 | 17 | 29 | 37 | 53 | 97 |
| ... | ... | ... | ... | ... | | | | | | | | |
| 970.129.478 | 55.529 | 54.882 | 71.435.917 | 6.095.085.156 | | | | | | | | |
| 986.348.068 | 78.719 | 852 | 6.195.955.057 | 134.137.176 | 6.197.406.865 | 5 | 13 | 17 | 29 | 41 | 53 | 89 |
| ... | ... | ... | ... | ... | | | | | | | | |
| 986.348.131 | 56.073 | 55.256 | 90.955.793 | 6.196.739.376 | | | | | | | | |
| 1.010.134.785 | 79.667 | 184 | 6.346.797.033 | 29.317.456 | 6.346.864.745 | 5 | 13 | 17 | 29 | 37 | 53 | 101 |
| ... | ... | ... | ... | ... | | | | | | | | |
| 1.010.134.848 | 57.197 | 55.456 | 196.128.873 | 6.343.833.664 | | | | | | | | |
| 1.024.476.410 | 80.218 | 1.431 | 6.432.879.763 | 229.583.916 | 6.436.975.285 | 5 | 13 | 17 | 29 | 37 | 61 | 89 |
| ... | ... | ... | ... | ... | | | | | | | | |
| 1.024.476.473 | 57.102 | 56.359 | 84.301.523 | 6.436.423.236 | | | | | | | | |
| 1.032.206.598 | 80.532 | 379 | 6.485.259.383 | 61.043.256 | 6.485.546.665 | 5 | 13 | 17 | 37 | 41 | 53 | 73 |
| ... | ... | ... | ... | ... | | | | | | | | |
| 1.032.206.661 | 57.403 | 56.484 | 104.662.153 | 6.484.702.104 | | | | | | | | |

Tabelle 35f: Alle 64er-Cluster der ersten 1.041.699.957 ppT, $c_n$ < 6.545.193.520

## 2.3.5 Erstmalig auftretende ppT-Cluster und Primzahlen

Nach Satz **(S3.3)** ist jedes Produkt von $s + 1$ unterschiedlichen pythagoreischen Primzahlen Hypotenuse eines ppT-Clusters der Länge $2^s$. Das jeweils kleinste dieser Produkte ist die kleinste Hypotenuse des $2^s$-Clusters, also die Hypotenuse des ersten $2^s$-Clusters. Diese ist demzufolge das Produkt der ersten pythagoreischen Primzahlen:

> **Im ersten Cluster der Länge $2^s$ ist die Hypotenuse $c$ ein Produkt der $s+1$ ersten pythagoreischen Primzahlen!**

Dies ermöglicht die **Berechnung der Hypotenuse $c$ zu jeder erstmalig auftretenden Clusterlänge $L$**:

| $L$ $2^s$ | $c$ | Typ | $c = p_1 \cdot p_2 \cdot \ldots \cdot p_{s+1}$ ($p_i$ sind pythagoreische Primzahlen) |
|---|---:|:---:|---|
| $2^0$ | 5 |  | 5 |
| $2^1$ | 65 |  | 5·13 |
| $2^2$ | 1.105 |  | 5·13·17 |
| $2^3$ | 32.045 | A | 5·13·17·29 |
| $2^4$ | 1.185.665 |  | 5·13·17·29·37 |
| $2^5$ | 48.612.265 |  | 5·13·17·29·37·41 |
| $2^6$ | 2.576.450.045 |  | 5·13·17·29·37·41·53 |
| $2^7$ | 157.163.452.745 | A | 5·13·17·29·37·41·53·61 |
| $2^8$ | 11.472.932.050.385 |  | 5·13·17·29·37·41·53·61·73 |
| $2^9$ | 1.021.090.952.484.265 | B | 5·13·17·29·37·41·53·61·73·89 |
| $2^{10}$ | 99.045.822.390.973.705 |  | 5·13·17·29·37·41·53·61·73·89·97 |
| $2^{11}$ | 10.003.628.061.488.344.205 | C | 5·13·17·29·37·41·53·61·73·89·97·101 |
| $2^{12}$ | 1.090.395.458.702.229.518.345 |  | 5·13·17·29·37·41·53·61·73·89·97·101·109 |
| $2^{13}$ | 123.214.686.833.351.935.572.985 | C | 5·13·17·29·37·41·53·61·73·89·97·101·109·113 |
| $2^{14}$ | 16.880.412.096.169.215.173.498.945 |  | 5·13·17·29·37·41·53·61·73·89·97·101·109·113·137 |
| $2^{15}$ | 2.515.181.402.329.213.060.851.342.805 |  | 5·13·17·29·37·41·53·61·73·89·97·101·109·113·137·149 |
| $2^{16}$ | 394.883.480.165.686.450.553.660.820.385 | D | 5·13·17·29·37·41·53·61·73·89·97·101·109·113·137·149·157 |
| $2^{17}$ | 68.314.842.068.663.755.945.783.321.926.605 |  | 5·13·17·29·37·41·53·61·73·89·97·101·109·113·137·149·157·173 |
| $2^{18}$ | 12.364.986.414.428.139.826.186.781.268.715.505 | E | 5·13·17·29·37·41·53·61·73·89·97·101·109·113·137·149·157·173·181 |
| ... | ... |  | ... |

| |
|---|
| Cluster-Hypotenuse $c$ aus den vorliegenden ppT-Listen übernommen (Tabellen *34a*, *34b*, *34d*) |
| $c$ aus dem Produkt der ersten $s + 1$ pythagoreischen Primzahlen berechnet und erste und letzte Katheten bestimmt ($2^s$-Cluster der Tabellen *34f*, ..., *34k*). |
| Nur $c$ des $2^s$-Clusters aus dem Produkt der ersten $s + 1$ pythagoreischen Primzahlen berechnet. |
| Ziffern nach der 15. Ziffer **grau und fett** gedruckt (Beachte Typ-Spalte: *Excel* rundet auf 15 Ziffern!). |
| Typ A: *Excel-/VBA-Double*-Genauigkeit reicht aus. |
| Typ B: *VBA-Currency*-Wertebereich reicht aus. |
| Typ C: *VBA-Decimal*-Wertebereich reicht aus. |
| Typ D: Ziffernanzahl des *Windows*-Taschenrechners reicht aus. |
| Typ E: Ziffern nach der 32. Ziffer müssen manuell bestimmt werden. |

Tabelle 36: Erstmalig auftretende Clusterlängen $L$ und Primfaktoren von $c$

## 2.4 Hypotenusen nicht geclusterter ppT

### 2.4.1 Hypotenusen von ppT-Gruppierungen nicht geclusterter ppT

Die Hypotenusen einer Gruppierung von $L$ ppTn mit gleichem Abstand $\Delta c$ haben nach Satz **(S3.5)** — mit $s = 1$ für nicht geclusterte ppT — die Form $c_i = p_i^{f_i} \quad p_i \in \mathbb{P}_1, f_i \in \mathbb{N}, i = 1, ..., L$.

### 2.4.2 Primfaktoren der Hypotenusen nicht geclusterter ppT

Einen Eindruck von der Häufigkeit der Primfaktoren von $c$ in nicht geclusterten ppTn[33] und der Größe ihrer Exponenten gibt die folgende Tabelle. Der Primfaktor 2 ist für Hypotenusen wegen Satz **(S3.2)** ausgeschlossen, ebenso Primzahlen zweiter Art, denn die **Primfaktoren von $c$** beschränken sich nach Satz **(S3.4)** auf **pythagoreische Primzahlen**[34]:

| | Primfaktor $p$ (< 100) | | | | | | | | | | | | | | | | | | | | | | | | |
|---|---|---|---|---|---|---|---|---|---|---|---|---|---|---|---|---|---|---|---|---|---|---|---|---|---|
| | 2 | 3 | 5 | 7 | 11 | 13 | 17 | 19 | 23 | 29 | 31 | 37 | 41 | 43 | 47 | 53 | 59 | 61 | 67 | 71 | 73 | 79 | 83 | 89 | 97 |
| Maximaler Exponent $f$: | | | 9 | | | 6 | 5 | | | 4 | | 4 | 4 | | | 3 | | 3 | | | 3 | | | 3 | 3 |

Tabelle 37: Häufigkeiten der Hypotenusen-Primfaktoren <100 der ersten 1.048.569 nicht geclusterten ppT, $c \leq 6.588.485$

**Beachte**: Erwartungsgemäß enthält die Liste alle ppT mit Hypotenusen der Form

$$c = p^i \leq 6.588.485 \text{ mit } i \leq f,$$

und zwar jede von ihnen genau einmal!

---

[33] Abstand $\Delta c = c_n - c_{n-1} > 0$ bzw. Clusterlänge $L = 1 = 2^0$.
[34] ℒ(D1), ⌨ http://oeis.org.

# ANHANG
# Programmbeispiel

## Struktogramm[1]

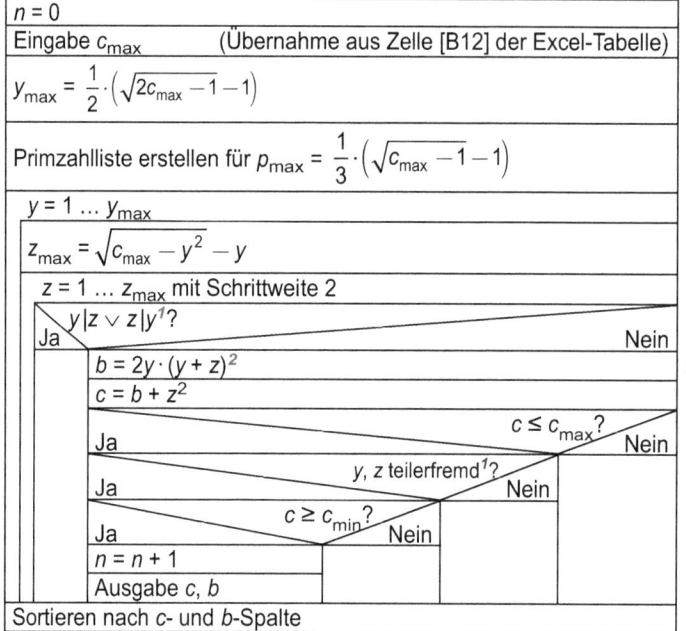

Struktogramm 4: Auflistung einer Auswahl von $c$-sortierten ppTn

[1] Die Teilbarkeitsprüfung besteht aus insgesamt drei Einzelprüfungen:
(1) $y|z \land y \neq 1$?
(2) $z|y \land z \neq 1$?
(3) $p|y \land p|z$?
für alle $p \leq p_{gr}$ ($\leq p_{max}$) der Primzahlliste

[2] In diesem Programmbeispiel wird nur die mit (F2b) berechnete Kathete $b$ ausgegeben. Mit Rücksicht auf die eingeschränkte Nutzung des Arbeitsspeichers durch *Excel* und zur Verkürzung der Laufzeit wird auf die Berechnung von $a$ mit (F2a) und die Ordnung von $a$ und $b$ nach Größe verzichtet.

Das Programmbeispiel erstellt 32 Teillisten, so dass in *Excel 2007* die Ausgabe der vollständigen ppT-Liste bis $c_{max} = 167.772.160$ möglich ist.[2] Zur Erstellung von Listen mit größerem Maximalwert der Hypotenuse $c_n$ bieten sich drei Möglichkeiten:

1. Alle berechneten ppT zählen, aber nur eine Auswahl listen.
2. Bereits berechnete ppT in einer neu berechneten Liste nicht listen, nur zählen.
3. Bereits berechnete ppT in einer neu berechneten Liste nicht neu berechnen. Dies spart Rechenzeit, erfordert allerdings sorgfältige Bestimmung der Minimalparameter $y_{min}$ und $z_{min}$.

Die Spalte $a_n \lor b_n$ enthält die mit (F2b) berechnete Kathete $b_n$. Diese kann also die kleinere oder die größere der beiden Katheten sein. Die Datei dient zur Untersuchung der relativen $c_n$-Größe.

```
' ACHTUNG: Wenn der Code von Proz Sub bDatenAnalyse(bMax) kopiert wird, _
   dann müssen die Ziffernkonstanten CurMax und DecMax _
   mit allen im Kommentar angegebenen Ziffern neu geschrieben werden!!!
Const Proz = "PPT_032cbTab_DaAnB", _
      PC = "AMDPhenom+Office2007"
Const Test = False, _
      Tumrech As Long = 3600& * 24, _
      cGW As Single = 6.283, _
      IntMax As Integer = 32767, _
      LonMax As Currency = 2147483647, _
      k As Integer = 18                    'Anzahl der Kopfzeilen
```

[1] Die Herleitung der Grenzwerte $p_{max}$, $y_{max}$ und $z_{max}$ findet man in der ungekürzten Fassung (pdf-Datei).
[2] Die Dateigröße beträgt 1 GB im Format *.xlsm, 590 MB im Binärformat *.xlsb! Die erstellte Datei lässt sich allerdings nur speichern, wenn die *Excel*-Oberfläche abgespeckt wird. Es bestehen folgende Optionen: *Visual-Basic*-Fenster schließen, Fensterteilung aufheben, Gitternetzlinien und Bearbeitungsleiste ausblenden, Multifunktionsleiste minimieren, Inhalte der Symbolleiste für den Schnellzugriff und der Statusleiste löschen, im Dialogfeld '*Speichern unter*' auf Schaltfläche '*Ordner ausblenden*' klicken.

```
Const Dt As Single = 0.49999999              'Rundungskonstante für t
Const TA As Integer = 32                         'PrimzahllistenAnzahl
Const TS As Integer = 4                          'TabellenSpaltenAnzahl
Dim CurMax As Variant, DecMax As Double, _
    nMW As Long, Wb As Long, _
    DatenTypen(5) As String, PrimZL As New Collection
Sub ListePPT_032cbTab_DaAnB() '08.02.11: Info pT gefunden ist entfallen
  Dim Anfang As Date, Pause As Integer, teilerFremd As Boolean, _
    b As Long, _
    c As Long, cMax(TA) As Long, cMin(TA) As Long, cTab  As Long, _
    n(TA) As Long, nSum(TA) As Long, _
    p As Variant, pGr As Integer, _
    Sp(TA) As Integer, t As Integer, _
    y As Long, yMax As Integer, yPgr As Integer, _
    z As Long, zMax As Integer, zPgr As Integer, Ze(TA) As Long
    'yH As Decimal mit max. 28 Ziffern, deshalb:
    yH < Wurzel(2*DecMax*DecMax)=199.032.864.766.430
  On Error GoTo Fehler
  aktualisieren 0
  Anfang = Now: Start = Timer
  cMax(TA) = [b12]
  Debug.Print "'Start: " & Anfang, "cMax(" & TA & ")=" & cMax(TA)
  cDatenAnalyse
  nMW = [f12]                                'n-Wertebereich für Graph32
  Wb = nMW * (cGW + 0.002)                              'c-Wertebereich
  Debug.Print "'0 h", "cMax=" & cMax(TA), "WB=" & Wb, Proz, PC, Anfang
  yMax = Sqr(cMax(TA) / 2 - 0.25) - 0.5
  PrimZL_erstellen yMax / 2
  n(0) = 0
  For t = 1 To TA
    cMax(t) = cMax(TA) / TA * t
   'cMin(t) = cMax(t) - WB
    n(t) = 0
    Ze(t) = k
    Sp(t) = (t - 1) * TS + 1                             'Sp(t) = n-Spalte
    Cells(13, Sp(t) + 1) = cMax(t)
   'Cells(14, Sp(t) + 1) = cMin(t)
  Next t
  cTab = cMax(1)
  If 1 / cTab + Dt <= 0.5 Then Rundungsfehler Dt, cTab
  For y = 1 To yMax
    Protokoll y
    zMax = Sqr(cMax(TA) - y * y) - y                     '< Sqr(cMax) _
    For z = 1 To zMax Step 2
      If (z Mod y <> 0 Or y = 1) And (y Mod z <> 0 Or z = 1) Then
        b = 2 * y * (y + z)
        c = b + z * z
        If c <= cMax(TA) Then
          t = c / cTab + Dt                              'Tabellenindex
          If t > TA Then Tabellenfehler t
          PrErr = 1 / 0                         'Testet Fehlermeldung
          pGr = y / 2                              'DaAnB: 04.08.11
          zPgr = z / 3                             'DaAnB: 04.08.11
          If pGr > zPgr Then pGr = zPgr            'DaAnB: 04.08.11
          teilerFremd = True
          For Each p In PrimZL
            If p > pGr Then Exit For
            If y Mod p = 0 And z Mod p = 0 Then teilerFremd = False
          Next p
          If teilerFremd Then
            n(t) = n(t) + 1
           'If c >= cMin(t) Then
              If t > 0 Then
                Ze(t) = Ze(t) + 1
```

```
                    Cells(Ze(t), Sp(t) + 1) = c
                    Cells(Ze(t), Sp(t) + 2) = b
                  End If
                'End If
              End If
            End If
        End If
      Next z
    Next y
    nSum(0) = n(0)
    For t = 1 To TA                              '2 Schleifenzeilen vorab ausgeführt
      nSum(t) = nSum(t - 1) + n(t)                'wegen fehlender Ressourcen
      Cells(9, Sp(t)) = nSum(t)
    Next t
    Stopp = Now
    Debug.Print "'Tab-0", "Ze= ---", "n=" & n(0), Stopp
    Weiter = Now                                                        'Haltepunkt
    Pause = DateDiff("s", Stopp, Weiter)
    Debug.Print "'Weiter:" & Weiter, "Pause=" & Pause & "s"
    For t = 1 To TA
      Sp2Sp3_sortieren Sp(t)
      Liste_ergaenzen Sp(t)
      Debug.Print "'Stopp" & t, "Ze=" & Ze(t), "n=" & n(t), Now
    Next t
    [A15] = (DateDiff("s", Anfang, Now) - Pause) / Tumrech
    Debug.Print "'cMax=" & cMax(TA), "WB=" & Wb, "n=" & nSum(TA), Proz, PC
    Debug.Print "'Start:  " & Anfang
    Debug.Print "'Ende:   " & Now, DateDiff("s", Anfang, Now) & " s"
    aktualisieren 1
Exit Sub

Fehler:
  MsgBox "Unerwarteter Fehler " & Err.Number & Chr(13) & _
    Err.Description & Chr(13) & _
    "bei" & Chr(13) & _
    "y=" & y & "    z=" & z & Chr(13) & _
    "b=" & b & "    c=" & c & Chr(13) & _
    "t=" & t & Chr(13), vbCritical, "Prozedurfehler"
End Sub '_____

Sub aktualisieren(ein)
  If ein Then
    With Application
      .ScreenUpdating = True
      .Calculation = xlCalculationAutomatic
    End With
  Else
    With Application
      .ScreenUpdating = False
      .Calculation = xlCalculationManual
    End With
  End If
End Sub '_____

Sub PrimZL_erstellen(Max)
  Dim i As Integer, p As Variant, prim As Boolean
  PrimZL_loeschen
  PrimZL.Add 2
  For i = 3 To Max Step 2                                  'Sqr(Max) -> Max
    prim = True
    For Each p In PrimZL
      If i Mod p = 0 Then prim = False
    Next p
    If prim Then PrimZL.Add i
  Next i
End Sub '_____
```

```
Sub PrimZL_loeschen()
  Dim p As Variant
  For Each p In PrimZL
    PrimZL.Remove 1   'Löscht jeweils das 1. Element
  Next p
End Sub '_____
Sub Sp2Sp3_sortieren(s)
  Cells(k, s + 1).Activate
  Range(Cells(k, s + 1), Cells(nMW, s + 2)).Sort _
    Key1:=Cells(k, s + 1), Order1:=xlAscending, _
    Key2:=Cells(k, s + 2), Order2:=xlAscending, _
    Header:=xlGuess, OrderCustom:=1, _
    MatchCase:=False, Orientation:=xlTopToBottom
End Sub '_____
Sub Liste_ergaenzen(s)
  Dim n As Long, Ze As Long, Zeilen As Long
  n = Cells(9, s)
  Zeilen = Application.WorksheetFunction.Count _
    (Range(Cells(k, s + 1), Cells(nMW, s + 1)))
  Cells(k, s).Activate
  For Ze = k + Zeilen To k + 1 Step -1
    Cells(Ze, s) = n
    Cells(Ze, s + 3) = Cells(Ze, s + 1) / n
    n = n - 1
  Next Ze
End Sub '_____
Sub cDatenAnalyse() 'Vermeidet Überlauf wg. unzureichend deklarierten Variablen
  Dim cMax As Variant, cMaxDec As Variant
  cMax = [b12]
  cMaxDec = CDec(cMax)
  Debug.Print "'_____DatenanalyseB_____"
  DatenTypen(1) = "'Integer"
  DatenTypen(2) = "'Long"
  DatenTypen(3) = "'Currency"
  DatenTypen(4) = "'Decimal"
  DatenTypen(5) = "'Double"
  CurMax = CDec(922337203685478#)            '922337203685477.562539
  DecMax = 7.92281625142643E+28              '7922816525142643331939999999999
  Debug.Print "'cMax=" & cMax
  TypWahl cMax, "b, c, cMax, cMin"
  TypWahl cMax / TA, "cTab"
  TypWahl cMax / cGW / TA, "n(TA)"
  TypWahl cMax / cGW, "nSum(TA)"
  TypWahl cMax / cGW, "n          in: Liste_ergaenzen(s)"
  Debug.Print "'Variant", "p"
  TypWahl Sqr(cMax / 8), "pGr, yPgr, zPgr"
  TypWahl Sqr(cMax / 8), "i          in: PrimZL_erstellen(Max)"
  TypWahl Sqr(cMax / 2), "y, yMax"
  TypWahl Sqr(cMax), "z, zMax"
  TypWahl Wb, "WB=" & Wb
  TypWahl Wb / cGW, "Ze(TA)"
  TypWahl Wb / cGW, "Ze, Zeilen    in: Liste_ergaenzen(s)"
  If Test Then End
End Sub '_____
Sub TypWahl(xMax, VarNamen)
  Select Case xMax
    Case Is > DecMax
      Typ = DatenTypen(5)
    Case Is > CurMax
      Typ = DatenTypen(4)
    Case Is > LonMax
      Typ = DatenTypen(3)
    Case Is > IntMax
```

```
      Typ = DatenTypen(2)
    Case Else
      Typ = DatenTypen(1)
  End Select
  Debug.Print Typ, VarNamen
End Sub  '
Sub Protokoll(y)
  Select Case y
    Case Is <= 5
      Debug.Print "'y=" & y, Now
    Case Is <= 50
      If y Mod 10 = 0 Then Debug.Print "'y=" & y, Now
    Case Else
      If y Mod 100 = 0 Then Debug.Print "'y=" & y, Now
  End Select
End Sub  '
Sub Tabellenfehler(t)
  MsgBox _
    "Tabelle " & t & " existiert nicht!" & Chr(13) & Chr(13) & _
    "Berechnung wird abgebrochen.", vbCritical, _
    "Tabellenindexfehler"
  End
End Sub  '
Sub Rundungsfehler(Dt, cTab)
  MsgBox _
    "Dt = " & Dt & Chr(13) & "cTab = " & cTab & Chr(13) & _
    "1/cTab + DT = " & 1 / cTab + Dt & "   <=  0,5" & Chr(13) & Chr(13) & _
    Chr(13) & "Berechnung wird abgebrochen.", _
    vbCritical, "Rundungskonstantenfehler"
  End
End Sub  '
```

## Ausgabe der Datenanalyse und Protokoll

```
'Start: 22.08.2011 12:36:54  cMax(32)=167772160
'           DatenanalyseB
'cMax=167772160
'Long       b, c, cMax, cMin, yH, zH
'Long       cTab
'Long       n(TA)
'Long       nSum(TA)
'Long       n            in: Liste_ergaenzen(s)
'Variant    p
'Integer    pGr, yPgr, zPgr
'Integer    i            in: PrimZL_erstellen(Max)
'Integer    y, yMax
'Integer    z, zMax
'Integer    WB=0
'Integer    Ze(TA)
'Integer    Ze, Zeilen   in: Liste_ergaenzen(s)
'0 h        cMax=167772160           WB=5279400     PPT_032cbTab_DaAnB
AMDPhenom+Office2007        22.08.2011 12:36:54
'y=1        22.08.2011 12:36:54
'y=2        22.08.2011 12:36:55
'y=3        22.08.2011 12:36:55
'y=4        22.08.2011 12:36:55
'y=5        22.08.2011 12:36:55
'y=10       22.08.2011 12:36:57
'y=20       22.08.2011 12:36:59
'y=30       22.08.2011 12:37:01
'y=40       22.08.2011 12:37:03
'y=50       22.08.2011 12:37:05
'y=100      22.08.2011 12:37:17
```

```
'y=200            22.08.2011 12:37:41
'y=300            22.08.2011 12:38:06
'y=400            22.08.2011 12:38:33
'y=500            22.08.2011 12:39:02
'y=600            22.08.2011 12:39:31
'y=700            22.08.2011 12:40:02
'y=800            22.08.2011 12:40:33
'y=900            22.08.2011 12:41:05
'y=1000           22.08.2011 12:41:38
'y=1100           22.08.2011 12:42:12
'y=1200           22.08.2011 12:42:46
'y=1300           22.08.2011 12:43:20
'y=1400           22.08.2011 12:43:56
'y=1500           22.08.2011 12:44:32
'y=1600           22.08.2011 12:45:09
'y=1700           22.08.2011 12:45:46
'y=1800           22.08.2011 12:46:23
'y=1900           22.08.2011 12:47:01
'y=2000           22.08.2011 12:47:39
'y=2100           22.08.2011 12:48:17
'y=2200           22.08.2011 12:48:55
'y=2300           22.08.2011 12:49:34
'y=2400           22.08.2011 12:50:13
'y=2500           22.08.2011 12:50:51
'y=2600           22.08.2011 12:51:30
'y=2700           22.08.2011 12:52:09
'y=2800           22.08.2011 12:52:48
'y=2900           22.08.2011 12:53:27
'y=3000           22.08.2011 12:54:05
'y=3100           22.08.2011 12:54:44
'y=3200           22.08.2011 12:55:22
'y=3300           22.08.2011 12:56:00
'y=3400           22.08.2011 12:56:38
'y=3500           22.08.2011 12:57:15
'y=3600           22.08.2011 12:57:53
'y=3700           22.08.2011 12:58:29
'y=3800           22.08.2011 12:59:06
'y=3900           22.08.2011 12:59:42
'y=4000           22.08.2011 13:00:17
'y=4100           22.08.2011 13:00:52
'y=4200           22.08.2011 13:01:26
'y=4300           22.08.2011 13:02:00
'y=4400           22.08.2011 13:02:33
'y=4500           22.08.2011 13:03:05
'y=4600           22.08.2011 13:03:37
'y=4700           22.08.2011 13:04:08
'y=4800           22.08.2011 13:04:37
'y=4900           22.08.2011 13:05:07
'y=5000           22.08.2011 13:05:35
'y=5100           22.08.2011 13:06:02
'y=5200           22.08.2011 13:06:29
'y=5300           22.08.2011 13:06:55
'y=5400           22.08.2011 13:07:19
'y=5500           22.08.2011 13:07:43
'y=5600           22.08.2011 13:08:07
'y=5700           22.08.2011 13:08:29
'y=5800           22.08.2011 13:08:51
'y=5900           22.08.2011 13:09:12
'y=6000           22.08.2011 13:09:32
'y=6100           22.08.2011 13:09:51
'y=6200           22.08.2011 13:10:09
'y=6300           22.08.2011 13:10:27
'y=6400           22.08.2011 13:10:44
'y=6500           22.08.2011 13:11:00
'y=6600           22.08.2011 13:11:15
```

```
'y=6700      22.08.2011 13:11:30
'y=6800      22.08.2011 13:11:44
'y=6900      22.08.2011 13:11:57
'y=7000      22.08.2011 13:12:10
'y=7100      22.08.2011 13:12:21
'y=7200      22.08.2011 13:12:32
'y=7300      22.08.2011 13:12:43
'y=7400      22.08.2011 13:12:52
'y=7500      22.08.2011 13:13:01
'y=7600      22.08.2011 13:13:09
'y=7700      22.08.2011 13:13:17
'y=7800      22.08.2011 13:13:24
'y=7900      22.08.2011 13:13:31
'y=8000      22.08.2011 13:13:37
'y=8100      22.08.2011 13:13:42
'y=8200      22.08.2011 13:13:47
'y=8300      22.08.2011 13:13:51
'y=8400      22.08.2011 13:13:54
'y=8500      22.08.2011 13:13:57
'y=8600      22.08.2011 13:14:00
'y=8700      22.08.2011 13:14:02
'y=8800      22.08.2011 13:14:04
'y=8900      22.08.2011 13:14:05
'y=9000      22.08.2011 13:14:06
'y=9100      22.08.2011 13:14:06
'Tab-0       Ze= ---          n=0              22.08.2011 13:14:06
'Weiter:22.08.2011 13:14:06 Pause=0s
'Tab-1       Ze=834434        n=834416         22.08.2011 13:14:45
'Tab-2       Ze=834467        n=834449         22.08.2011 13:15:25
'Tab-3       Ze=834432        n=834414         22.08.2011 13:16:05
'Tab-4       Ze=834497        n=834479         22.08.2011 13:16:45
'Tab-5       Ze=834395        n=834377         22.08.2011 13:17:24
'Tab-6       Ze=834469        n=834451         22.08.2011 13:18:04
'Tab-7       Ze=834446        n=834428         22.08.2011 13:18:44
'Tab-8       Ze=834440        n=834422         22.08.2011 13:19:24
'Tab-9       Ze=834449        n=834431         22.08.2011 13:20:05
'Tab-10      Ze=834443        n=834425         22.08.2011 13:20:45
'Tab-11      Ze=834478        n=834460         22.08.2011 13:21:25
'Tab-12      Ze=834436        n=834418         22.08.2011 13:22:05
'Tab-13      Ze=834406        n=834388         22.08.2011 13:22:45
'Tab-14      Ze=834531        n=834513         22.08.2011 13:23:25
'Tab-15      Ze=834421        n=834403         22.08.2011 13:24:05
'Tab-16      Ze=834399        n=834381         22.08.2011 13:24:45
'Tab-17      Ze=834496        n=834478         22.08.2011 13:25:26
'Tab-18      Ze=834460        n=834442         22.08.2011 13:26:06
'Tab-19      Ze=834448        n=834430         22.08.2011 13:26:46
'Tab-20      Ze=834415        n=834397         22.08.2011 13:27:26
'Tab-21      Ze=834462        n=834444         22.08.2011 13:28:06
'Tab-22      Ze=834430        n=834412         22.08.2011 13:28:46
'Tab-23      Ze=834520        n=834502         22.08.2011 13:29:27
'Tab-24      Ze=834414        n=834396         22.08.2011 13:30:06
'Tab-25      Ze=834425        n=834407         22.08.2011 13:30:46
'Tab-26      Ze=834475        n=834457         22.08.2011 13:31:27
'Tab-27      Ze=834458        n=834440         22.08.2011 13:32:07
'Tab-28      Ze=834428        n=834410         22.08.2011 13:32:47
'Tab-29      Ze=834404        n=834386         22.08.2011 13:33:28
'Tab-30      Ze=834465        n=834447         22.08.2011 13:34:08
'Tab-31      Ze=834447        n=834429         22.08.2011 13:34:48
'Tab-32      Ze=834464        n=834446         22.08.2011 13:35:30
'cMax=167772160               WB=5279400       n=26701778    PPT_032cbTab_DaAnB
AMDPhenom+Office2007
'Start: 22.08.2011 12:36:54
'Ende:  22.08.2011 13:35:30 3516 s
```

## Excel-Tabellenblatt

**Die ersten primitiven pythagoreischen Zahlentripel**
Geordnet ($a_n < b_n$), sortiert nach $c_n$- und $b_n$-Spalte (B u. C in Tab. 1)

| Berechnungen aus den ersten 5.000 ppTn | | | Berechnungen aus den ersten 5.000 ppTn | | |
|---|---|---|---|---|---|
| 1,0 = $n_{min}$ | Maximum: 6,777 777 777 777 78 | | 26.696.779,0 = $n_{min}$ | Maximum: 6,283 211 167 109 97 | |
| 5.000,0 = $n_{max}$ | Mittelwert: 6,281 648 636 162 69 | | 26.701.778,0 = $n_{max}$ | Mittelwert: 6,283 185 312 458 96 | |
| 2.500,5 = $n_{mittel}$ | Minimum: 5,000 000 000 000 00 | | 26.699.278,5 = $n_{mittel}$ | Minimum: 6,283 162 941 415 20 | |
| Berechnungen aus allen ppTn dieser Tabelle | | | 25.867.333,0 = $n_{min}$ | Maximum: 6,283 194 042 852 90 | |
| 1,0 = $n_{min}$ (gelistet) | Letztes $c_n/n$: 6,283 289 150 735 36 | | 25.872.332,0 = $n_{max}$ | Mittelwert: 6,283 184 772 777 44 | |
| 834.416,0 = $n_{max}$ (gelistet) | Maximum: 6,777 777 777 777 78 | | 25.869.832,5 = $n_{mittel}$ | Minimum: 6,283 176 362 622 89 | |
| 834.416,0 ppT gelistet | Mittelwert: 6,283 162 497 021 90 | | Berechnungen aus allen ppTn dieser Tabelle | | |
| 209.991,5 = $n_{mittel}$ | Minimum: 5,000 000 000 000 00 | | 25.867.333,0 = $n_{min}$ (gelistet) | Letztes $c_n/n$: 6,283 182 228 539 24 | |
| | | | 26.701.778,0 = $n_{max}$ (gelistet) | Maximum: 6,283 211 167 109 97 | |
| | | | 834.446,0 ppT gelistet | Mittelwert: 6,283 185 312 458 96 | |
| | | | 26.077.323,5 = $n_{mittel}$ | Minimum: 6,283 162 941 415 20 | |

$C_{max}$ = 167.772.160  für alle Tabellen
$c_{max}$ = 5.242.880  für diese Tabelle

$c_{max}$ = 167.772.160  für diese Tabelle

0:58:36 h Laufzeit

5.239.084 = Maximum                    167.756.244 = Maximum

| Tabelle 1 | | Min: 4 | Relative $c_n$-Größe | Tabelle 32 | | Min: 25.500 | Relative $c_n$-Größe |
|---|---|---|---|---|---|---|---|
| n | $c_n$ | $a_n \vee b_n$ | $c_n/n$ | n | $c_n$ | $a_n \vee b_n$ | $c_n/n$ |
| 1 | 5 | 4 | 5,000 000 000 | 25.867.333 | 162.529.285 | 13.908.804 | 6,283 186 790 |
| 2 | 13 | 12 | 6,500 000 000 | 25.867.334 | 162.529.285 | 80.861.916 | 6,283 186 547 |
| 3 | 17 | 8 | 5,666 666 667 | 25.867.335 | 162.529.285 | 157.988.124 | 6,283 186 304 |
| 4 | 25 | 24 | 6,250 000 000 | 25.867.336 | 162.529.285 | 159.350.196 | 6,283 186 061 |
| 5 | 29 | 20 | 5,800 000 000 | 25.867.337 | 162.529.289 | 118.133.720 | 6,283 185 973 |
| 6 | 37 | 12 | 6,166 666 667 | 25.867.338 | 162.529.289 | 144.526.240 | 6,283 185 730 |
| 7 | 41 | 40 | 5,857 142 857 | 25.867.339 | 162.529.289 | 154.559.960 | 6,283 185 487 |
| 8 | 53 | 28 | 6,625 000 000 | 25.867.340 | 162.529.289 | 162.443.440 | 6,283 185 244 |
| 9 | 61 | 60 | 6,777 777 778 | 25.867.341 | 162.529.309 | 90.058.140 | 6,283 185 775 |
| 10 | 65 | 16 | 6,500 000 000 | 25.867.342 | 162.529.357 | 79.117.668 | 6,283 187 387 |
| 834.412 | 5.242.837 | 5.222.388 | 6,283 271 334 | 26.701.744 | 167.771.897 | 79.881.272 | 6,283 181 241 |
| 834.413 | 5.242.849 | 5.144.880 | 6,283 278 185 | 26.701.745 | 167.771.909 | 87.364.820 | 6,283 181 455 |
| 834.414 | 5.242.865 | 407.264 | 6,283 289 830 | 26.701.746 | 167.771.909 | 167.740.580 | 6,283 181 220 |
| 834.415 | 5242865 | 5131976 | 6,283 282 300 | 26.701.747 | 167.771.921 | 150.458.000 | 6,283 181 434 |
| 834.416 | 5.242.877 | 4.965.148 | 6,283 289 151 | 26.701.748 | 167.771.929 | 14.829.240 | 6,283 181 498 |
| | | | | 26.701.749 | 167.771.929 | 46.177.200 | 6,283 181 263 |
| | | | | 26.701.750 | 167.771.929 | 108.219.840 | 6,283 181 027 |
| | | | | 26.701.751 | 167.771.929 | 147.042.120 | 6,283 180 792 |
| | | | | 26.701.752 | 167.771.941 | 11.546.940 | 6,283 181 006 |
| | | | | 26.701.753 | 167.771.965 | 23.027.004 | 6,283 181 670 |
| | | | | 26.701.754 | 167.771.965 | 165.984.396 | 6,283 181 434 |
| | | | | 26.701.755 | 167.771.977 | 68.311.248 | 6,283 181 649 |
| | | | | 26.701.756 | 167.771.977 | 77.996.352 | 6,283 181 413 |
| | | | | 26.701.757 | 167.771.977 | 98.798.952 | 6,283 181 178 |
| | | | | 26.701.758 | 167.771.977 | 107.290.248 | 6,283 180 943 |
| | | | | 26.701.759 | 167.771.981 | 14.235.100 | 6,283 180 857 |
| | | | | 26.701.760 | 167.771.981 | 128.446.540 | 6,283 180 622 |
| | | | | 26.701.761 | 167.771.981 | 128.721.980 | 6,283 180 386 |
| | | | | 26.701.762 | 167.771.981 | 167.081.420 | 6,283 180 151 |
| | | | | 26.701.763 | 167.771.993 | 3.445.232 | 6,283 180 365 |
| | | | | 26.701.764 | 167.771.993 | 162.776.768 | 6,283 180 130 |
| | | | | 26.701.765 | 167.772.013 | 32.026.212 | 6,283 180 644 |
| | | | | 26.701.766 | 167.772.013 | 86.790.012 | 6,283 180 408 |
| | | | | 26.701.767 | 167.772.029 | 54.923.900 | 6,283 180 772 |
| | | | | 26.701.768 | 167.772.037 | 21.483.012 | 6,283 180 837 |
| | | | | 26.701.769 | 167.772.037 | 161.396.412 | 6,283 180 601 |
| | | | | 26.701.770 | 167.772.049 | 92.308.080 | 6,283 180 815 |
| | | | | 26.701.771 | 167.772.053 | 155.904.028 | 6,283 180 730 |
| | | | | 26.701.772 | 167.772.061 | 37.834.860 | 6,283 180 794 |
| | | | | 26.701.773 | 167.772.089 | 27.752.200 | 6,283 181 607 |
| | | | | 26.701.774 | 167.772.089 | 132.452.840 | 6,283 181 372 |
| | | | | 26.701.775 | 167.772.125 | 30.671.444 | 6,283 182 485 |
| | | | | 26.701.776 | 167.772.125 | 131.760.124 | 6,283 182 250 |
| | | | | 26.701.777 | 167.772.137 | 29.827.112 | 6,283 182 464 |
| | | | | 26.701.778 | 167.772.137 | 138.232.912 | 6,283 182 229 |

## Abkürzungen

### Gleichungen, Sätze, ...

| | |
|---|---|
| (nx) | Gleichung nx |
| (Dn) | Definition n |
| (En) | Eigenschaft n |
| **(Sn.i)** | Satz n.i |

### Symbole

#### Allgemein

| | |
|---|---|
| ☞ | siehe |
| ↻ | vergleiche |
| $\pi$ | Kreiszahl = 3,141 592 653 589 793 238 462 64… |

#### Mathematisch

| | |
|---|---|
| $\neq$ | ungleich |
| $\approx$ | ungefähr |
| $\gg$ | sehr viel größer als |
| $\vert$ | teilt |
| $\equiv$ | kongruent |
| $p!!$ | Primzahlfakultät, ☞Definition **(D3)** |

#### Logisch

| | |
|---|---|
| $\neg$ | nicht |
| $\wedge$ | und |
| $\vee$ | oder |
| $\Rightarrow, \rightarrow$ | daraus folgt |
| $\Leftrightarrow$ | äquivalent |

#### Mengensymbole, allgemein

| | |
|---|---|
| { } | Mengenklammern |
| $\in$ | Element |
| $\notin$ | Element |
| $\cap$ | geschnitten mit |
| $\cup$ | vereinigt mit |

#### Zahlenmengen

| | |
|---|---|
| $\mathbb{G}$ | Menge der geraden Zahlen {0; 2; 4; …} |
| $\mathbb{N}$ | Menge der natürlichen Zahlen {1; 2; 3; …} |
| $\mathbb{N}_0$ | $\mathbb{N} \cup \{0\}$ |
| $\mathbb{P}$ | Menge der Primzahlen = $\{2\} \cup \mathbb{P}_1 \cup \mathbb{P}_2$ |
| $\mathbb{P}_1$ | Menge der Primzahlen 1. Art ☞Definition **(D1)** |
| $\mathbb{P}_2$ | Menge der Primzahlen 2. Art ☞Definition **(D2)** |
| $\mathbb{R}$ | Menge der reellen Zahlen |
| $\mathbb{U}$ | Menge der ungeraden Zahlen {1; 3; 5; …} |
| $\mathbb{Z}$ | Menge der ganzen Zahlen {…; –2; –1; 0; 1; 2; …} |

### Abkürzungen

**B**

| | |
|---|---|
| bzw. | beziehungsweise |

**C**

| | |
|---|---|
| ca. | circa, zirka |

**D**

| | |
|---|---|
| d. h. | das heißt |

**G**

| | |
|---|---|
| gT | gemeinsamer Teiler |
| ggT | größter gemeinsamer Teiler |

**I**

| | |
|---|---|
| i. A. | im Allgemeinen |
| i. Ggs. | im Gegensatz |

**L**

| | |
|---|---|
| *L* | Länge der Gruppierung (ppT-Anzahl) |

**M**

| | |
|---|---|
| max. | maximal |
| Mio. | Million |
| mod | modulo (Divisionsrest) |
| MW | arithmetischer Mittelwert |

**N**

| | |
|---|---|
| Nr. | laufende ppT-Nummer eines Clusters |

**O**

| | |
|---|---|
| o. B. d .A. | ohne Beschränkung der Allgemeinheit |

**P**

| | |
|---|---|
| ppT | primitive(s) pythagoreische(s) Zahlentripel, teilerfremde(s) pT |
| pT | pythagoreische(s) Zahlentripel |

**V**

| | |
|---|---|
| *VBA* | Visual Basic for Applications, Visual Basic für Anwendungen |

**W**

| | |
|---|---|
| Wid. | Widerspruch |

# Literatur

## Druckmedien

[L1]  Gerhard *Frey*:
Elementare Zahlentheorie;
Friedr. Vieweg & Sohn
Verlagsgesellschaft,
Braunschweig 1984.

[L2]  Nicola *Oswald*, Jörn *Steuding*:
Elementare Zahlentheorie;
Verlag Springer Spektrum,
Berlin Heidelberg 2015.

[L3]  Friedhelm *Padberg*:
Elementare Zahlentheorie;
Spektrum Akademischer Verlag,
Heidelberg 2008,
3. Auflage.

[L4]  Werner *Winzen*:
Grundbegriffe der Elementaren
Zahlentheorie;
Shaker Verlag, Aachen 1997.

[L5]  Thomas *Markwig*:
Elementare Zahlentheorie,
Vorlesungsskript März 2010

[L6]  Holger *Brenner*:
Zahlentheorie,
Vorlesung 10, Osnabrück, SS 2008

[L7]  Victor *Klee*, Stan *Wagon*:
Alte und neue ungelöste Probleme in der
Zahlentheorie und Geometrie der Ebene;
Verlag Springer, Basel 1997.

[L8]  Albert H. *Beiler*:
Recreations in the Theory of Numbers:
The Queen of Mathematics Entertains;
Ch. 14, The Eternal Triangle;
Dover Publications Inc. New York, 2nd Ed.,
Dover 1966.

[L9]  Derrick Norman *Lehmer*:
Asymptotic Evaluation of certain Totient
Sums.
American Journal of Mathematics 22,
293-335, 1900.

Eine sehr viel umfassendere Arbeit als der vorliegende Artikel hat der Autor vorgelegt mit:

[L10]  Pythagoreische Zahlentripel
Eigenschaften – Häufigkeit –
Gruppierungen,
Datenbasis: Erste 5.632.362.270 Tripel,
pdf-Datei, 292 Seiten, DIN B5

Veröffentlichung Juni 2016
Kontakt: *http://www.pibook.de*

[L11]  Primzahlen
Häufigkeit – Gruppierungen –
Eigenschaften,
Datenbasis: Erste 50.000.000
Primzahlen,
64 Seiten, DIN A5

Veröffentlichung Juni 2016, auch als pdf-Datei
(Kontakt: *http://www.pibook.de*)

## Internet

*https://www.wikipedia.de/*

*http://mathworld.wolfram.com*
(pT-Eigenschaften, graphische pT-Darstellungen)
(umfangreiches Sachwortregister)

*http://www.arndt-bruenner.de/mathe/mathekurse.htm*
(umfangreiche Themenübersicht)

*http://oeis.org*
(Analyse beliebiger Folgen ganzer Zahlen,
pythagoreische Primzahlen)

*http://en.wikipedia.org/wiki/User:Zumthie/mathematics#Tripel_mit_zwei_Primzahlen*
(ppT mit 2 und 3 Primzahlen)

## Verzeichnisse
### Graphen

Graph 14a: Relative Größe der ppT-Hypotenusen, $c_n \leq 167.772.160$ .................... 5
Graph 16c64: Häufigkeitsverteilung der letzten 8.187.276 relativen $c_n$-Größen, $c_n \leq 18.826.003.200$ ...... 5
Graph 33.5: Anzahl der ppT mit Abstand $\Delta c$ innerhalb $\approx 1.064.960.000$ ppT, $5 \leq c_n < 6 \cdot 2^{30} + 102.943.696$ 6
Graph 33.11: Maximaler Abstand $\Delta c_n$ der gelisteten ppT im Bereich $5 \leq c_n < 2^{35} + 102.943.696$ ............ 7
Graph 34.7: Anzahl der Gruppierungen aller 2.147.467.147 gelisteten ppT, $5 \leq c_n \leq 35.389.175.273$ .. 12
Graph 35: Erstmaliges Auftreten von Gruppierungen in den ersten 1.041.699.957 ppTn, $c_n \leq 6.545.193.517$ ................... 13
Graph 37.1: Clusteranteil Q der ersten 128.499.410 ppT, $c_n < 807.385.648$ .................... 15
Graph 37.2: Erstmalig auftretende Clusterlängen L im Bereich $5 \leq c_n \leq 2^{35} + 102.943.696$ .......... 15
Graph 37.7: Erster 128er-Cluster ...................... 19

### Tabellen

Tabelle 24a: Erstmalig auftretende Abstände $\Delta c_n$ von Gruppierungen der ersten 1.041.699.957 ppT, $c_n \leq 6.545.193.517$ ...................... 8
Tabelle 24b: In lückenhaften Listbereichen zufällig gefundene Abstände $\Delta c_n$ von ppT-Gruppierungen .. 8
Tabelle 31a: Anzahl der Gruppierungen in 2.147.467.147 gelisteten ppT aus $5 \leq c_n \leq 35.389.175.273$ . 11
Tabelle 32a: Erstmalig auftretende Längen L von Gruppierungen in den ersten 1.041.699.957 ppTn, $c_n \leq 6.545.193.517$ ...................... 13
Tabelle 34a: Erstmalig auftretender ppT-Zwilling, -Vierling, -Achtling und 16er-Cluster ............ 16
Tabelle 34b: Erster 32er-Cluster ...................... 17
Tabelle 34d: Erster 64er-Cluster, erste und letzte 5 ppT .................... 17
Tabelle 34f: Erster 128er-Cluster, erste und letzte 3 ppT .................... 18
Tabelle 34h: Erster 256er-Cluster, erste und letzte 3 ppT .................... 18
Tabelle 34i: Erster 512er-Cluster, erste und letzte 3 ppT .................... 18
Tabelle 34j: Erster 1.024er-Cluster, erste und letzte 3 ppT .................... 18
Tabelle 34k: Erster 2.048er-Cluster, erstes und letztes ppT .................... 18
Tabelle 35a: Alle Zwillinge der ersten 273 ppT, $c_n \leq 1.717$ ...................... 22
Tabelle 35b: Alle Vierlinge der ersten 557 ppT, $c_n \leq 3.485$ ...................... 23
Tabelle 35c: Alle Achtlinge der ersten 14.518 ppT, $c_n \leq 91.205$ .................... 23
Tabelle 35d: Alle 16er-Cluster der ersten 382.172 ppT, $c_n \leq 2.401.165$ .................... 24
Tabelle 35e: Alle 32er-Cluster der ersten 16.383.962 ppT, $c_n < 102.943.696$ .................... 24
Tabelle 35f: Alle 64er-Cluster der ersten 1.041.699.957 ppT, $c_n < 6.545.193.520$ .............. 25
Tabelle 36: Erstmalig auftretende Clusterlängen L und Primfaktoren von c .................... 26
Tabelle 37: Häufigkeiten der Hypotenusen-Primfaktoren <100 der ersten 1.048.569 nicht geclusterten ppT, $c \leq 6.588.485$ .................... 27

# Index

## Symbole

**16er-Cluster**
  der ersten 382.172 ppT  24
  erstmalig auftretender 16er-C.  16
**32er-Cluster**
  der ersten 16.383.962 ppT  24
  erstmalig auftretender 32er-C.  17
**64er-Cluster**
  der ersten 1.041.699.957 ppT  25
  erstmalig auftretender 64er-C.  17
**128er-Cluster  18**
**256er-Cluster  18**
**512er-Cluster  18**
**1024er-Cluster  18**
**2048er-Cluster  18**

## A

**Abstand $\Delta c$ in Gruppierungen**
  minimaler A.
    Länge L = 2 ppT  9
    Länge L ≥ 2 ppT, allgemein  21
    Länge L ≥ 3 ppT  9
    Länge L > 6 ppT  20
    Länge L ≥ 7 ppT  10
    Länge L > 14 ppT  20
    L > p+1 ppT, p pythagoreisch  20
    L ≥ q ppT, q nicht pythagoreisch  10
**Abstände benachbarter ppT**
  erstmaliges Auftreten  6
  Häufigkeit  6
  maximale A.  6
**Achtlinge von ppTn  14**
  der ersten 14.518 ppT  23
  erstmaliges Auftreten  16

## C

**Cluster  9, 14, 16**
  16er-ppT-C.  14
  32er-ppT-C.  14
  64er-ppT-C.  14
  erstmalig auftretender 16er-C.  15
  erstmalig auftretender 32er-C.  15
  erstmalig auftretender 64er-C.  15
  erstmalig auftretender 128er-C.  15
  erstmalig auftretender 256er-C.  15
  erstmalig auftretender 512er-C.  15
  erstmalig auftretender 1024er-C.  15
  erstmalig auftretender 2048er-C.  15
  und Primzahlen  19, 26
**Clusterlänge  9**
  erstmaliges Auftreten  15
**Clusterlängen  14**
  Berechnung der Hypotenuse c  26

## D

**Definitionen**
  (D1) Primzahlen 1. Art, pythagoreische Primzahlen  2
  (D2) Primzahlen 2. Art  2
  (D3) $p!! := 2 \cdot 3 \cdot 5 \cdot \ldots \cdot p$
**Differenzen zwischen ppT-Hypotenusen  6**
**Drillinge  14**
**Duos von ppTn  9**

## F

**Formeln**
  (F1_) Formeln von Euklid
    (F1a) a  2
    (F1b) b  2
    (F1c) c  2
  (F2_) Formeln zur Erstellung von ppT-Listen
    (F2a) a  3
    (F2b) b  3
    (F2c) c  3
**Fünflinge  14**

## G

**Gruppierungen von ppTn  9**
  Mindestabstand $\Delta c$  21
    Länge L = 2 ppT  9
    Länge L ≥ 2 ppT, allgemein  21
    Länge L ≥ 3 ppT  9
    Länge L > 6 ppT  20
    Länge L ≥ 7 ppT  10
    Länge L > 14 ppT  20
    L > p+1 ppT, p pythagoreisch  20
    L ≥ q ppT, q nicht pythagoreisch  10

## H

**Häufigkeit der ppT-Abstände  6**
**Hypotenuse eines ppTs  4**
**Hypotenusen**
  Verteilung von ppT-H.  5

## L

**Lücken**
  zwischen Hypotenusen benachbarter ppT  6
  Größe der L.  6

## N

**Neunlinge  14**

## P

**Paare von ppTn  9**
**Parität  2**
**ppT  2**
  Hypotenusen nicht geclusterter ppT  19
  triviale  2
**ppT-Abstände**
  erstmaliges Auftreten  6
  Häufigkeit  6
  maximale ppT-A.  6
**ppT-Achtlinge  14**
  der ersten 14.518 ppT  23
  erstmaliges Auftreten  16
**ppT-Cluster  4, 14**
**ppT-Clusterlänge  9**
**ppT-Drillinge  14**
**ppT-Duos  9**

ppT-Fünflinge  14
ppT-Gruppierungen  9
  erstmaliges Auftreten  12
  Häufigkeit  10
  Länge L  9
    Einschränkungen für den Abstand Δc  9
    L ≥ 3 ppT  9
    L > 6 ppT  20
    L ≥ 7 ppT  10
    L ≥ 7 ppT, allgemein  21
    L > 14 ppT  20
    L > p+1 ppT, p pythagoreisch  20
    L ≥ q ppT, q nicht pythagoreisch  10
  Mindestabstand Δc  21
  nicht geclustert
    Länge L  19
ppT-Neunlinge  14
ppT-Paare  9
ppT-Quartette  9
ppT-Quintette  9
ppT-Sechslinge  14
ppT-Septette  20
ppT-Sextette  9
ppT-Siebenlinge  14
ppT-Trios  9
ppT-Verteilung  6
ppT-Vierlinge  14
  der ersten 557 ppT  23
  erstmaliges Auftreten  16
ppT-Zwillinge  14
  der ersten 273 ppT  22
  erstmaliges Auftreten  16
Primfaktoren
  von c  27
  nicht geclusterter ppT  27
Primfaktorzerlegung
  von c  7, 12, 22
primitive pythagoreische Tripel  2
primitive pythagoreische Zahlen  2
Primzahlen  2
  erster Art  2
  Mengensymbole  2
  pythagoreische P.  3, 19, 27
    Produkt von Potenzen von p. P.  4
  Sätze  3
  und ppT-Cluster  26
  zweiter Art  2
    Potenz mit geradem Exponenten  3
    Satz  3
Primzahlfakultät  2
pT  2
  triviale  2
pythagoreische
  Primzahl  3
  Primzahlen  19, 27
    Sätze  3
  Tripel  2
    primitive  2

  nichttriviale  3
  triviale  2
  triviale  2

**Q**
Quartette von ppTn  9
Quintette von ppTn  9

**R**
relative Größe
  der n-ten ppT-Hypotenuse  5

**S**
Sätze
  (S1._) Formeln
    (S1.1) Euklid  2
    (S1.2) alternative Formeln  3
  (S2._) Sätze zu Primzahlen
    (S2.1) Zweiquadratesatz von Fermat  3
    (S2.2) Form von Produkten pythagoreischer Primzahlen  3
    (S2.3) Form von Potenzen von Primzahlen 2. Art mit geradem Exponenten  3
  (S3._) pythagoreische Primzahlen und ppT
    (S3.1) p = c = y² + z²  3
    (S3.2) c = 4k + 1  4
    (S3.3) }pT-Häufigkeit allgemein  4
    (S3.4) c = Produkt pythagoreischer Primzahlen  4
    (S3.5) Primfaktoren von c und Clusterlänge  4
  (S4) Grenzwert der relativen c-Größe  5
  (S5._) Mindestabstand Δc von ppT-Gruppierungen
    (S5.1) L = 2 ppT  9
    (S5.2) L ≥ 3 ppT  9
    (S5.3) L ≥ 7 ppT  10
    (S5.4) L ≥ q ppT, q nicht pythagoreisch  10
    (S5.5) L > 6 ppT  20
    (S5.6) L > 14 ppT  20
    (S5.7) L > p+1 ppT, p pythagoreisch  20
    (S5.8) L ≥ 2 ppT  21
  zu Primzahlen zweiter Art  3
  zu pythagoreischen Primzahlen  3
Sechslinge  14
Septette  20
Sextette von ppTn  9
Siebenlinge  14
Sprünge
  der Hypotenusen benachbarter ppT  6
  größter beobachteter S.  6

**T**
Trios von ppTn  9

**V**
Verteilung der c-Werte von ppTn  5
Vierlinge von ppTn  14
  der ersten 557 ppT  23
  erstmaliges Auftreten  16

**Z**
Zwillinge von ppTn  14
  der ersten 273 ppT  22
  erstmaliges Auftreten  16